苔について　永瀬清子

まだここには
水と土と雲と霧しかなかった何億年の昔
見渡してもまだ泳ぐものも這う者も
見当たらなかったおどろの時
濛濛の水蒸気がすこし晴れたばかりのしののめ
お前は陽と湿り気の中からかすかに生まれたのです
なぜと云って
地球がみどりの着物をとても着たがっていたから

いまでも私たちの傍にどこでも見られる苔よ
お前は電柱の根っこにもコンクリの塀にも
いつのまにか青をそっと刷いているのね
まして街路樹の下の小さな敷物
敷石のあいだの細いリボン
わかるよ
地球の望み　地球のほしがるもの

冬になっても枯れもせず
年中お前はしずかに緑でいる

人間はいつもそれをせっせとはがして
道路やビルを造っているのに
でも苔は無言でつつましく
自分のテリトリーを守ろうとする

極微の建築をお前はつくる
描けば一刷毛か、点描でしかないのに
それでもお前大きな千年杉のモデルなのよ
そして繊毛のようなその茎の中に
秘密の清冽な水路があって
雄の胞子はいそぎ泳ぎ昇って
雌の胞子に出会うのです
大ざっぱすぎる人間には
そのかすかな歓びがすこしも聴こえないけれども

おおこの毛状体のひたすらのびようとする偏見
——フランシス・ポンジュー

偏見でぐっと盛り上がっている
私もそのようでありたいよ
それでいて　たっぷり水を含んでいれば

まず　土砂くずれや土石流をくいとめる
お前の根はホッチキスの針よりも小さくても
自分自身が水を溜め　水をこらえる水取紙
一番下にいる植物　極微のダム

ひそやかにありとも見えぬお前は
日本の景色を支えている
モンスーンがあるかぎり　雲があるかぎり
女が一家を支えるように
愛をはぐくむように
その万遍なさも　そのさりげなさも——
人間のつくるすべての劇は
『時』との争いなのに
人と時とが主役なのに
いつも人のほうが負けます
苔は人より丈夫なので
劇はなく　黙って舞台の下にいて
そして勝っています

けさみれば　つゆおかでらのにわのこけ
さながらるりのひかりなりけり
——ご詠歌集『岡寺』

おお
瑠璃といえば精神
天上の景色なので
そんなに高くまでも行けるものか？
お前は一番　地面に近いのに——
まず胞子のうが朝の光に輝いている時
そのびろーど性に願いがしづしづと降ります
その精神的な敷物の上に　世に疲れた私が座りましょう

シノブゴケ　ホソバオキナゴケ　ヒノキゴケ
ムチゴケ　ジャゴケ　ヤマゴケ　ハナゴケ
シトネゴケ　カモジゴケ　コバノチョウチンゴケ　E.T.C.

夕陽がこの庭にさして
木木の影が苔の上に長く曳かれます
我等三人さまよう人の影も——
思って逢えなかった今日の一日に
私は何億年の時を生きている者たちに逢い
そしてやがて去っていきます
負ける運命を背に負うて
しかもしばしを胞子のうにやどる
その美しい露のようにと——

出典『井木長治によるコケの世界』

苔《こけ》とあるく

蟲文庫店主 田中美穂
写真 伊沢正名

WAVE出版

苔《こけ》とあるく

はじめに

花よりもコケが好きだというと、たいていは不思議そうにその理由を尋ねられます。でも海よりは山、犬よりは猫、こし餡よりはつぶ餡を好むということについて、結局は「とにかくコッチのほうが好きなのよ」としか言いようがないのと同じで、これは、ようするに生まれつきのものなのだと思います。

わたしは岡山県倉敷市で「蟲《むし》文《ぶん》庫《こ》」という古本屋をしています。古本を売ったり買ったりするのが本業で、コケの専門家というわけではありませんが、コケが好きで、見よう見まねながらもコケについて調べたり学んだり、その魅力について誰彼かまわず「宣伝」しているうちに、いつの間にか「コケ好きの古本屋さん」と呼ばれるようになりました。

コケといえば、道端やブロック塀などに塊で生えているモコモコしたイメージですが、近寄ってよく見ると、彼らにも葉や茎がちゃんとあります（なかには例外もあります）。それに、一見どれも同じように見えても、世界には２０，０００種、日本だけでも２，０００種類ほどのコケが生育しています。

ちょっと庭に出てみただけでも、敷石のまわり、植木の幹や根本、プランターの中、お隣さんとの境のブロック塀……たぶんそれだけで軽く10種類はあるはず。そして、ルーペを使ってひとつひとつ覗いてみると、色も形もさまざまでじつにおもしろいのです。

コケ観察というのは、それをやったからと言って、何かの役に立つわけではありません。ただ、「ひとつの植木鉢の中に3種類もコケがあった！」ということに気づくのと気づかないのとでは、見える風景はきっと違ってくるはずです。

この本は、そんな、小さくもあり大きくもあるコケ観察の楽しみをみなさんにも体験してもらえたらと思いながら書きました。基本的には、わたし自身がやっている観察方法のご紹介ですが、興味をひかれる項目があれば、ぜひ試してみてください。

コケ観察は、植物のことに詳しくなくても、仕事や子育てが忙しくて近所をぐるりと散歩するのがやっとという人でも、ルーペひとつで、どこへも行かずお金もかけず、「いつもとはちょっと違う世界」を覗くことができます。

コケは、気にして見なければ無いに等しい小さくつつましい存在ですが、でも一度「コケ」と思いはじめると、今度は気になって仕方がなくなるほど、じつは至るところに生えているのです。

みなさんの身のまわりには、いったいどんなコケが生えているのでしょうか。

目次

ブックデザイン：松田行正＋日向麻梨子＋相馬敬徳
写真：伊沢正名＋著者＋ナカガワユウキチ
イラスト：浅生ハルミン

この本では、主として「コケ」と「苔」の、ふた通りの表記を用いています。「苔庭」のように、単語などとして定着していると思われる言葉の場合には「苔」と、また植物学的な観点から述べる場合には「コケ」と表記しています。少々紛らわしいかと思いますが、ご容赦ください。

1 探索

家のまわりぐるぐる

　友達の家に遊びに行くと、何はさておき、まわりにどんなコケが生えているのかが気になって、地面にしゃがみ込んだり塀に貼りついたり、玄関までたどりつくのにずいぶん時間がかかってしまいます。みんな「また始まった」とあきれながらも「へえ、そんなところにも生えてたんだ、いままで気にしたこともなかった」と少しばかり興味をそそられている様子です。

　コケが生えている場所というと、暗くてじめじめしたところばかりを思い浮かべがちですが、じつはコケもほかの植物と同じように日光を好みます。

　意外かもしれませんが、コケは緑色をしていますので、これは葉緑素を持ち光合成をするということです。お日さまがなくては生きていけません。

　苔庭で有名なお寺などでは、落ち葉でコケが覆われてしまわないように、毎日丁寧に掃き掃除がされています。これは美観を保つためということ以上に、日光が遮られてコケが傷んでしまわないようにする目的があるのです。

そういえば、日当たりのよいベランダや、カラカラに乾いたブロック塀にも生えていますね。

コケは冬だからといって枯れてしまうことはありません。木々の緑が息をひそめる秋から冬は、コケの緑が際立つ季節でもあります。

また、はじめてコケ探しをしてみようというのなら雨の日もおすすめです。ふだんは乾いて目立たないコケも、ここぞとばかりに美しい青さをたたえています。

コケ探しのポイントは、コケの気持ちになってみること。

もしわたしがコケだとしたら、どんなところが暮らしやすいでしょうか。

「隅っこでも端っこでもいいけど、毎日たくさんの人に踏まれるのはいやだな」「雨の日くらいは水分補給をしたいわ。室外機の排水口あたりもいいのよね」「お日さまがぜんぜん当たらない場所だけは困るんです」。

そんな気持ちを想像しながら探していると、どんどん目についてくるのです。これはコケに限ったことではなく、自然観察の基本。どんなに珍しい植物や昆虫も、その生態を知って、そのものになった気持ちで探していれば、ひょっこりと出会えるものなのです。

どこにでも生えています

近くの公園の石垣

雨上がりはとくにきれい。

街路樹の根本

隙間からギンゴケのみなさんが押すな押すなの勢いです。

ブロック塀

我が家とお隣さんとの境目の塀。わたしが物心ついた頃にはもう生えていたような。

木の幹

街路樹を順番に見ていくと、同じような環境なのに生えている所と生えていない所があって面白い。

植木鉢の中

拾ったどんぐりを乗せておいた植木鉢に、いつの間にかコケも生えてきました。

庭の植木の下

我が“糟糠の猫”ナドさんのお昼寝スポット。夏はひんやり、冬はほわっとしたコケベッド。

舗道の隙間

目地にそって、まるでふちどりしてあるみたいです。

通勤路でコケ探し

コケには興味があるけれど、これまではあまり気をつけてみたことはなかったという、首都圏在住の方数人に、それぞれの通勤コースでコケ探しをしてもらいました。

多くの地面が舗装されている都市部では、小型で目立ちにくい種類が多くなるせいでしょう、なんとか見つけるには見つけたけれど、「きれいだな」という好感情を持つまでにはいたらないケースも多かったようです。しかし「(地味なだけに)絶対、わたしが第一発見者。だれもこんな所のコケをじっくり見たことなんてないだろう」という、ささやかな満足感とコケに対する親近感をもたれた方もあったのは印象的でした。じつはわたしもそんなことを思いながらコケに近寄っていくひとりです。

そのほか、「最近はどこを歩いていても、ついついコケ探しをしてしまうクセがついた」「都会のコケは、すきまゴケ。見つけたときの喜びはひとしお」という、うれしい感想もありました。

どんなに小さく目立たないコケでも、その場所、その場所で、しっかりきちんと生き続けています。

わたしは、生まれた病院も、通った幼稚園も小学校も、いまの自分の店から徒歩10分以内の場所にあるのですが、そんな見慣れた景色のなかにも、「図書館の前のギンゴケのみなさんは今日も元気かな」「酒屋の裏のナガヒツジゴケさんは」などと、パトロールしながら歩く「コケポイント」があって、それが日々の楽しみにもなっています。

街中で見つけやすいのは、神社や公園といった、比較的人の手が入らない場所。一度、お休みの日などに、いつもは通りすぎるだけだった場所を、じっくり探索してみるのも面白いのではないかと思います。

ところで、そのレポートを見て気がついたのは、多くの人が「コケ」と思っているものが、じつは「コケではない」ものだということです。このことについては、44ページの「コケではありません」に詳しく書いていますので、ご参照ください。

会社のビル入口に、こんなにかわいい水玉が!
毎日通るのに気がつかなかった。

Aさんのコケレポート

WAVE出版の社員の方に、
通勤路のコケを探してもらいました。
都会のすきまゴケもなかなか
味があっていいものですね。

近所の眼鏡屋の
花壇のコケ。
緑のミニじゅうたんです。

コンクリートの隙間に緑色を発見。
小さいけれどこんもり美しい。

コケではない!

立てかけてあった木の板。面積が広く目立っていましたが……コケではない?(著者:たぶん緑藻類)

Nさんのコケレポート

阿佐ケ谷駅からほど近い場所にお住まいのN嬢。
駅までのわずか数百メートルの間に
「こんなにあるとは思わなかった」ということ。
最近では通勤路をいくつか開拓し、
「こけの道」と名づけたコースもあるのだとか。

駅へ向う途中にある造園業者さん宅の前の桜。
道路に面した側がよく繁っていました。

染め物屋さんの脇の私道。
昔ながらの裏路地にコケが
しっくりとなじんでいます。

あまり開閉されないらしい民家の駐車場の門扉。
水がたまりやすいようでした。

コケではない!

民家の花壇の石組みの下。これはコケじゃない?
(著者:これもたぶん緑藻類)

ちょっとふれあう

散歩中に見かけると、つい触りたくなるのが猫とコケ。ふわふわ、もこもこ、つんつん、するする、手触りも似ています。

猫は、先方の気分や都合で触らせてくれないこともありますが、コケにその心配はありません。近づいて、そして指先や手のひらで、そっと触れてみます。種類はもちろん、お天気によっても手触りは違います。

とくに雨上がりの苔むした岩などは格別。「ビロードのような」とたとえられることがありますが、まさにそんな触り心地です。

晴れの日が続くと、コケはからからに乾いてしまいます。小さくちぢこまって、まるで姿を隠しているかのように目立ちません。でも、雨が降りだしたとたん、みるみる水分を含んで、見違えるような鮮やかな緑が戻ります。

コケは乾いているからといって枯れてしまったわけではありません。ただ、次の雨が降ってくるまでじっと息をひそめて、休んでいるだけなのです。

わたしの鞄には、いつも小さな霧吹きが入っているのですが、これはいつでもどこでもお休み中のコケに起きてもらうためのもの。しゅっしゅっと水を吹きかけるだけで、まるで乾燥ワカメを水に浸したようにむくむくと復活。さっきまでガサガサ、ゴワゴワ、色あせて見えたコケが、みるみるうちにしっとりつややかな姿によみがえります。

森のなかのコケベッド、苔庭のコケ絨毯。触り心地がよい時ほど湿っているわけですから、腰かけたり寝転がったりするわけにはいきませんが、でも、その片隅に手をおいて、そんな妄想にふけるのも楽しみのひとつです。

また、地面や岩、木の幹など、生えている物（生育基物《せいいくきぶつ》といいます）によって、ある程度種類が決まっています。これはコケを見分けるポイントにもなりますので、ぜひ気にとめてみてください。

なかには、お寺の銅葺き屋根の下にばかりに生えるという変わり者までいるのです。

そうやって、ひとところにしゃがみこんでじっとコケを見ていると、さっき逃げていったはずの猫が、いつの間にかそばに寄ってきてわたしのことを観察していた、なんていう楽しいオマケがついてきたこともありました。

何に生えてる?

土（ヒロクチゴケ）
田んぼのあぜなどに多いコケ。都市部でも湿った土の上によく見られます。

コンクリート（ハマキゴケ）
都市部でよく見かけるコケの筆頭。乾燥すると葉が内側に巻き込むように縮れることから、この名前があります。

変わり者1（ホンモンジゴケ）
銅葺き屋根からの雨垂れが落ちるような場所に生えるコケ。池上本門寺で最初に発見されたことから、この名前がある。このような特殊な環境に生えるコケは、そのもの（この場合は銅）を好んでいるのか、それとも生存競争の果てにやむなくそこへ活路を見いだしたのか、ということは未だにはっきりしていないそうです。

樹（サヤゴケ）
低地の樹木に生えるコケの種類は限られますが、サヤゴケはその代表格。大気汚染にも強いです。

水際（コツクシサワゴケ）
沢苔、という名前のとおり、水際に生える。日当たりのよい場所を好み、丸い蒴（さく／胞子体）をつける。

変わり者2
（マルダイゴケ）
動物（人間を含む）の糞や小動物の死骸の上に生える高山のコケ。蒴の色や形が独特なので、見分けはつきやすい。伊沢正名さんの大好きなコケ。

さわる

種類はもちろん、お天気によっても手触りは違います。
晴れの日が続くとカサカサゴワゴワ、
雨が降るとふわふわしっとり。

乾いているコケに
霧吹きで水を吹きかけてみます。

ホンモンジゴケ（乾）
強く縮れて茶色っぽいのですが。

ホンモンジゴケ（湿）
みるみる鮮やかな緑色に。

Column 1

父の庭

この本を書き始めるまで、ずっと忘れていたのですが、わたしの苔の原風景は我が家の庭でした。

父は、ごく普通のサラリーマンでしたが、日曜大工と庭仕事とお酒と煙草が大好きで、暇さえあれば、一杯ひっかけ、煙草をふかしながら庭の草抜きをしていました。

丹精込めた牡丹や芍薬も、花が咲いた途端、待ってましたとばかりに剪定ばさみでチョンチョンと全部摘んでしまうのです。「えーせっかく咲いたのにー」と口を尖らせるわたしに「根が傷むんや」とぶっきらぼうに答えながら、新聞紙に包んで、学校へ持たせてくれました。

子どもの頃から、チューリップやバラよりも、ハハコグサだとかホトケノザのような地味な花が好きでしたが、そういうものは、当然のごとく雑草として、花をつける前に抜き取られていました。

そうやって、地面から出てくる小さな緑は、ことごとく父によって排除されていた我が家の庭ですが、ある日ふと、その父が「わざと抜かない草」があることに気がついたのです。表の庭の、梅の木の下に広がっている背の低い草でした。

この時、わたしと父との間でどんなやりとりがあったのかは、もう思い出せません。おそらく「なんでこれは抜かんの?」というわたしの問いかけに、「これは、苔やから抜かん」と、例によって不親切きわまりない答えが返ってきたはずです。

なぜ苔だから抜かないのか、子どものわたしには理解しようもありませんが、ただ、「苔と草はちがう」ということだけはこの時に刷り込まれたのです。

その父も数年前に他界し、いまやわたし好みの雑草たちが繁茂する庭になりつつあります。梅の木の下の苔はもちろん健在(ちなみにナガヒツジゴケです)。

春先には蒴《さく》を伸ばし、胞子を撒き散らして、いまも、その“わたしの原風景”は保たれているのです。

2 観察

用意するもの

ルーペ1

10倍のルーペ。基本のタイプです。紐をつけて首からぶらさげておくと無くさなくてよい。1000円～3000円程度で東急ハンズなどでも買うことができます（レンズ2枚重ねのものは一見便利そうですが、間に砂やホコリが入ったり、曇ったりするのであまりおすすめできません。やはりシンプルなのが一番です）。

ルーペ2

読書などに使う3倍程度の拡大鏡。
高倍率のルーペに慣れないうちは、
これくらいのほうが観察しやすいようです。

ルーペ3

2～3倍の倍率の拡大鏡は
100円ショップでも売っています。

霧吹き（携帯用）

ルーペとともに、いつも持ち歩いている霧吹き。化粧品のつめ替え用ボトルです。友人達からは「出た!マイ霧吹き!」などと笑われています。

霧吹き

カラカラに乾いた日のコケ観察には、もう少し大きなものを持って行きます。このアタマの部分はたいがいのペットボトルにも装着できるので便利、かも。

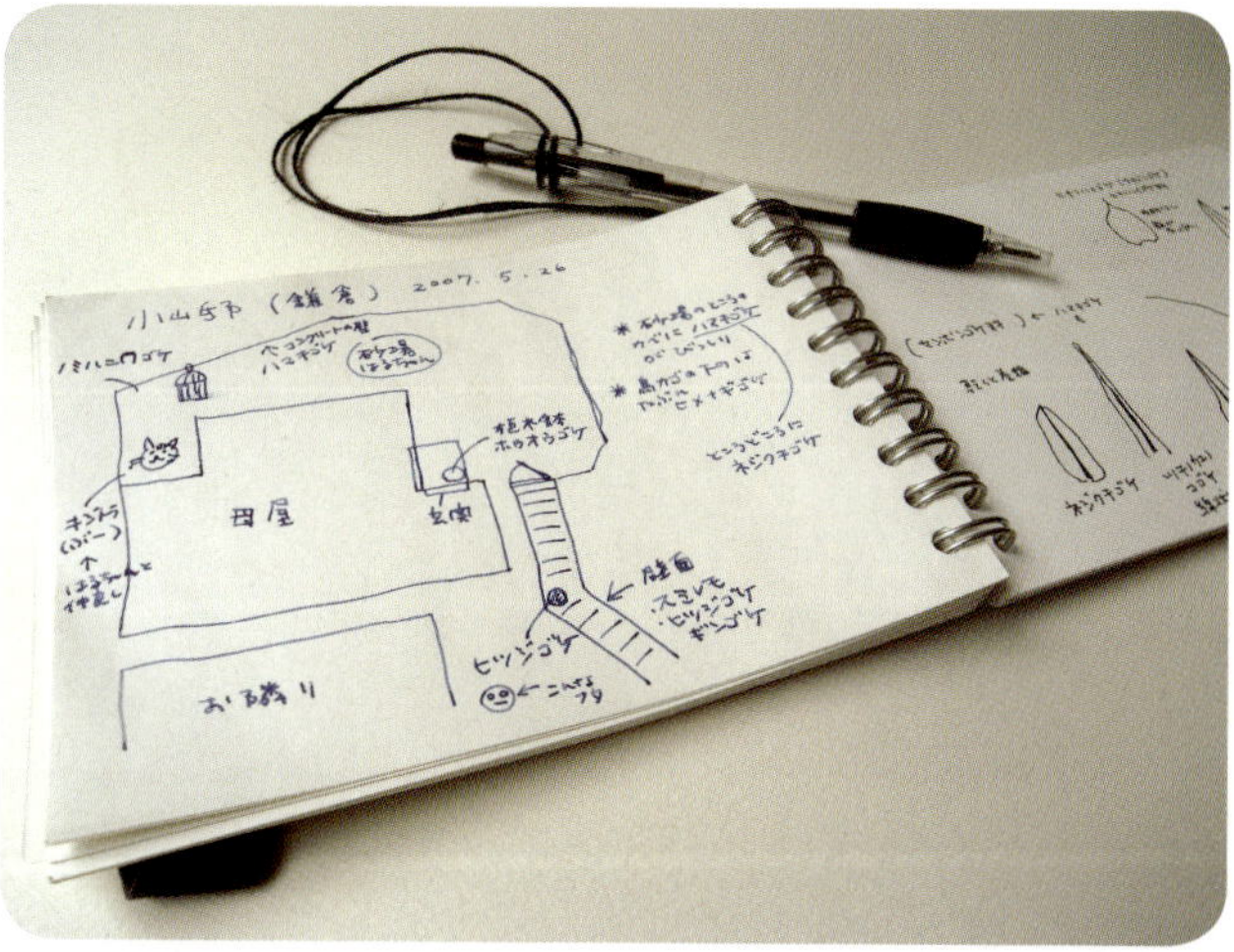

メモ帳

その日のコースやコケを見つけた場所をメモしておきます。

ルーペを使って接近

「なにをされているんですか？」

道端のコケなどを見ていると、よくそう尋ねられます。

コケ観察をしている人の様子は、はた目には、かなり怪しくうつるものです。地面やブロック塀にほおずりせんばかりに貼りついたその表情は真剣そのもの。さらにぶつぶつと独り言を言ったりまでしています。単独で観察していても怪しいのですが、グループでも、やっぱりその怪しさに変わりはありません。

コケをじっくりと観察するために、まず必要なのがルーペです。慣れないうちは、3倍くらいの倍率の読書用の虫眼鏡でも代用できますが、できれば10倍くらいの高倍率のものが理想です。

はじめての方にこの高倍率のルーペを渡すと、たいがいコケや花などの対象のほうにレンズを近づけてしまうのですが、正しくはその反対。世界が10倍に見える眼鏡をかけるつもりで目の近くにルーペを固定してください。そうしてその姿勢のままピントが合うまで対象に近づきます。

これで、嫌でもあなたは、はた目に怪しいコケ観察者。

このルーペで覗く世界は、普段みなさんが暮らしているのとは別世界です。コケを見ているというよりは、コケのあいだに入っていくような感覚というのでしょうか。ルーペを目に装着するだけで、我が家の鉢植えのなかに、めくるめくような世界が広がります。自分の大きさや重さがわからなくなってしまうような一種のトリップ感。まるでコケの森をさまよう小人になった気分です。

小さなものを大きくしてみると、逆に自分が小さく感じられるというのは、ミクロのなかに広がるマクロ宇宙そのものです。


さて、声をかけられ現実の世界にかえったわたしは、ぼんやりした顔のまま「コケを見ているんですよ」と返事をします。みな一様に「こけ？」と拍子抜けした顔で通りすぎて行きますので、わたしはまたルーペのなかの宇宙へ戻ります。

ルーペの使い方

1.ルーペを目の近くに
ルーペを持ち、目のそばに固定します。
（注：絶対に太陽のほうを見ないこと!!）

2.対象物を近づける
そのままピントが合うまで、
見たいものを近づける。かなり近いです。

3.自分が近づく
手に取って見られないものは、
自分から近づいて行きます。
地面や樹におでこがくっつくくらい。

ルーペの中は別世界

チヂミバコブゴケ

肉眼：岩などによく生えている、濃い緑色の小さなコケ。

ルーペ：近づいてルーペで覗くと、蒴（さく）の付け根にノドボトケのようなコブがあり、名前の由来にもなっています。

アブラゴケ

肉眼：湿った岩の上に生える特徴のあるコケ。アブラゴケという名前は、葉の表面がてかって見えるからで、触っても手に油がつくわけではありません。

ルーペ：葉の先にコンペイトウのような無性芽（むせいが／性に拠らずとも、ここから繁殖できる）が見られることも多い。

ゼニゴケ

肉眼：繁殖力が旺盛なため、庭の嫌われ者として有名ですが。

ルーペ：傘のような蒴に近づくと、黄色いぽわぽわの弾糸（だんし／胞子を弾き飛ばす）。じつに愛らしい。

観察のたのしみ

コケ観察は、1時間に1メートル。

近くの神社の参道に、いちめんコケに覆われた大きな岩があります。遠目に見ると、どれも同じコケに見えますが、近づいてよく見ると、じつはいろいろな種類が生えています。

時々、近くの博物館などの催しで、コケの観察会のお世話をすることがあります。参加者は、小学生くらいのお子さんからお年寄りまで、その動機も、「夏休みの自由研究に」「もう高等植物はやり尽くしたので、今度はコケを」「コケってカビ?」などさまざまです。

コケ観察は特別な準備も必要ないので、だれでも気軽に参加できます。

手始めに、冒頭の岩のところへ引率し、「さて、この岩には何種類のコケが生えているでしょう」、そう問題を出すと、みなさん岩の周囲に貼りついて、「これとこれは違うよね?」「じゃあこれは?」などと、わいわい言いながら探し始めます。

だいたい2種類くらいはすぐに見分けられるのですが、わたしが「よく見ると5種類はありますよ」と付け加えると、「ええーっ?」という驚きの声とともに、みんないちだんと岩ににじり寄っていきます。

「あっ、これ?」一番に見つけるのはやっぱり小学生くらいのお子さん。子どもというのは小さくて目立たないものを見つける天才です。「どれどれ? うわ、こんな小さいの気がつかなかった」と大人たちもそれにならいます。樹木や花に詳しい人ほどかえってコケ探しには苦労するようです。ピントの合わせ方がまったく違うからでしょう。

そうしてふたつがみっつ、みっつがよっつと、見えるコケがどんどん増えていきます。みんなの目が「コケの目」になってくるのです。

コケの目でコケが見えはじめると、もっといろいろ見てみたいという気持ちが出てきます。なにしろさっきからまだ1メートルくらいしか進んでいないのです。「じゃあ、次行きましょうか」とふと時計を見ると、もう1時間以上もたっていた、なんていうことも珍しくはありません。

「コケの目」で見るということは、普段わたしたちが暮らしている世界とは違う、もうひとつの世界を見るということでもあるのです。

Column 2

苔のすきま

隙間に生えているコケの、そのまた隙間で暮らしている生き物もいます。

きのこ

つくづく、変な生き物だなと思います。森や林の中にいきなり赤や黄や紫の物体が、ぽよん。闇夜に光るやつまでいるのです。そして、じっと見ていると、なんだか笑いがこみあげてくるような、ユーモラスな佇まい。あきらかに異質です。山の中で出会うと、わけもなくうれしくなるのです。

変形菌

粘菌ともいい、南方熊楠が研究していたことでも知られています。一生のうちに、動物的な時期と植物的な時期とがある、とても不思議な生き物。
小さくて目立ち難いことにかけてはコケを遥かに凌ぎますが,でも倉敷の市街地にある我が家の裏庭にも時々出てくるくらい、意外に身近なものでもあるのです。

冬虫夏草

「あ、小さいキノコ!」と思って近寄ったら、その頭部の表面をじっくり見てみてください。もし、なんとなくぶつぶつしているようだったら、それは冬虫夏草かもしれません。冬虫夏草は、子嚢菌（しのうきん）が昆虫に寄生してできるキノコの一種。特定のものは漢方薬としても用いられます。

クマムシ

顕微鏡観察をしていると、時々出会うのがクマムシ。ムシという名前がついてますが、体長1mm以下の世界最小の動物です。基本的には水の中でしか生活できず,乾いたところではコケと同じように干からびて「休眠」、そしてまた水分がもどると「復活」する、という摩訶不思議な生態をもっています。だいたい緩歩動物門（かんぽどうぶつもん）という分類名がすばらしい。「ゆっくり歩く動物」という種類。もう、たまりません。（イラスト：ナカガワユウヰチ）

3
研究

コケの一生

蒴（さく）をつけた
スギゴケ。

フタのとれた蒴。

蒴の中には胞子がつまっています。

飛び散った胞子は
明日のコケへとつながります。

温度や湿度などの条件が整うと目には
見えない糸状の原糸体になって広がります。

原糸体から発芽し幼植物になります。
スギゴケの赤ちゃん。

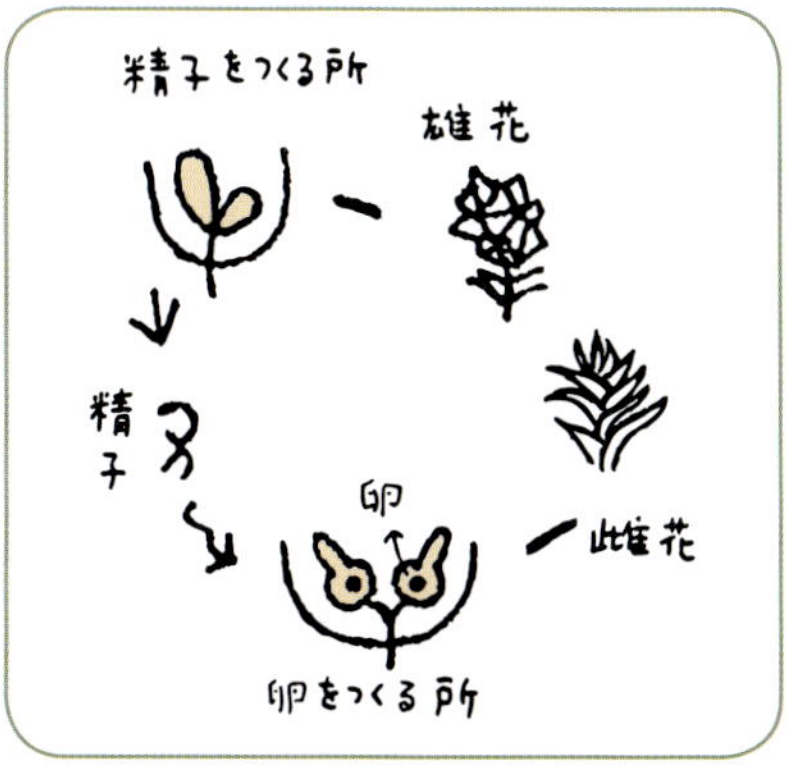

風に飛ばされたり、
雨に流れたりしつつ
精子が卵にたどりつき受精します。

造精器。

スギゴケの雄

スギゴケの雌

造卵器。

コケの生態

コケは、その生態も性格も、ちょっと変わった植物です。ここではその生活ぶりを、簡単にご紹介してみたいと思います。

学問的には「蘚苔類《せんたいるい》」と呼ばれていて、スギゴケやハイゴケに代表される、ふわふわもこもこした「蘚類《せんるい》」と、ゼニゴケに代表される、ぺたっと地面に貼りついたような「苔類《たいるい》」、そして普段、目にすることはあまりありませんが、胞子体《ほうしたい》がツノのような形をした「ツノゴケ類」の3つに分けられます。ちなみに、「蘚《せん》」と「苔《たい》」は、どちらも「こけ」とも読みます。

コケには葉も茎もありますが、根っこがありません。仮根《かこん》と呼ばれる、ひょろひょろとしたヒゲのようなもので地面や岩に貼り付いているだけで、ほかの植物のように、そこから水分や栄養分を吸い上げているわけではないのです。

機会があれば、道端のコケをちょっとつまんでみてください。ぺりぺりとあっけないくらい簡単に剥がれてしまいます（注：剥がしたコケは、また同じ場所に戻し

て上から軽く押えておいてください）。

ではコケはどうやって生きているのでしょうか。「霞を喰う」という言葉がありますが、これはまさにコケのためにあるようなものです。

コケは体の表面全体から空気中のかすかな湿り気や陽の光などを取り込んで、それらを栄養分にかえることで成り立っています。これは、生えている場所の空気や湿度、光の加減などが重要ということで、「コケに、毎日水をやっているのに育たない」のはそのせい。コケにとって何より大切なのは、その場所の空気（環境）なのです。

もうひとつの特徴は、花を咲かせず胞子で増えるという点。

春先や秋口によく見られる「蒴《さく》」と呼ばれる胞子体から飛び散った胞子は、ある一定の条件が整うと原糸体という肉眼では見えないような細い糸状になって広がります。そしてやがては発芽し、明日のコケへとつながってゆくのです。

苔類《たいるい》
ゼニゴケが有名。

蘚類《せんるい》
スギゴケが有名。

コケいろいろ・1
〈平地のコケ〉

ギンゴケ Bryum argenteum ／蘚類
名前のとおり、銀緑～銀白色をした小型のコケ。都市部の舗道から富士山頂、そして極寒の南極にまで生えているというスゴイやつ。

ミヤベツノゴケ Folioceros fuciformis ／ツノゴケ類
「蘚類」「苔類」「ツノゴケ類」の、あのツノゴケです。そんなに珍しくないのですが、このツノのようなサクのない時はまったく目立たないため、コケ好きのなかにも「実はツノゴケはまだ見たことがない」という人も少なくありません。

ヒメジャゴケ Conocephalum japonicum ／苔類
「またアンタかいな」と言いたくなるほど、いたるところに生えている。秋には赤くなり、霜にあたると枯れたようになりますが、次の春にはまたわんさか出てきます。

エゾスナゴケ Racomitrium japonicum ／蘚類
乾いた時と湿った時の姿に落差があり、霧吹きをかけて遊ぶと楽しい。ルーペで覗くと、葉の先が透明になっているのが見えます。日当たりがよく、養分の少ない地面に多い。

ハイゴケ Hypnum plumaeforme ／蘚類
都市部にも見られるコケのなかでは、大型で見栄えがする。日当たりのよい場所を好み、乾燥にも強い。ルーペで覗くと、葉っぱがくるんと曲がっているのがわかります。雨上がりの手触りは格別。

ヤマトフデゴケ Campylopus japonicus ／蘚類
針のようなピンと真っ直ぐな葉が特徴的。茎から葉がはずれやすく、そこからどんどん増えていきます。

フォーリースギバゴケ Lepidozia fauriana ／苔類
フォーリーさんという、植物好きのフランス人の牧師さんが発見したのでこの名前があります。苔類とは思えないほど、ふんわりと美しい、妙な言い方ですが、女性好みのコケといえます。

ヤクシマゴケ Isotachis japonica ／苔類
こんなに赤いコケもあります。東南アジアを中心に分布しており、日本では屋久島のみ。

フォーリームチゴケ Bazzania fauriana ／苔類
ムチゴケの仲間は、大きくても小さくても先が二股に分かれた、写真のような形をしているので見分けがつきやすい。茎の下から鞭状のヒゲのようなものが伸びるので鞭苔。

コマチゴケ Haplomitrium mnioides ／苔類
色味も雰囲気も柔らかく美しいことから「小町」ゴケの名前が。苔類のなかでも、かなり原始的なタイプ。

カクレゴケ Garovaglia elegans ／蘚類
学名の後半（小種名）からして「エレガンス」という、美しいコケ。熱帯性、日本では宮崎県以南でしか見られません。

キリシマゴケ Herbertus aduncus ／苔類
枝先が茎から垂れ下がるように生えるのが特徴。この写真のものより、もっと焦げ茶色っぽいことも多い。

コケの性格

放っておかれようと踏みつけられようと、そこが気に入ってさえいれば、そんなことどこ吹く風で増えていくというのに、場所を移して育てようとしても、なかなか上手くいかない。これは、コケのコケらしい愛すべき特徴です。

コケは太古、最初に陸に上がった緑だと言われています。

草や木と、水の中の藻との中間くらいに位置している原始的な植物で、ほかのもののように、体のなかに水を蓄えておくことができません。

雨の多い土地や滝のそばなど、空気中の水分（空中湿度といいます）の多い場所を好んで生えるのはそのせいで、また塊で生えているのは、お互いが身を寄せ合って乾燥を防ぐためでもあります。

では、都会のアスファルトの隙間やブロック塀の上でも生きていられるのはなぜかというと、そのような場所に生えるコケは、乾いた状態のまま、かなり長い間、呼吸も光合成も止めて「死んだふり」ができるからです。

環境の変化にはとても敏感で、ほんの少し湿度や日当たりが変わったというだけで、あっという間に枯れてしまうこともあります。

ギンゴケというコケは、東京のど真ん中から富士山頂、果ては南極にまで生えているという強者ですが、これを採ってきてうちの庭に植えたからといって、育つ保証はありません。「死んだふり」はできても、そのコケに適した環境が得られなければ、復活しようがないのです。デリケートというよりは、気むずかしい、と言ったほうがぴったりくるでしょうか。とにかく、自分が気に入らないと何も始まらないのがコケという生き物です。

「森の緑が地球をささえている」という言葉は、みなさんもどこかで聞いたことがあるのではないかと思いますが、じつは、その森の緑をささえているのがコケなのです。

梅雨時のコケの様子を思い浮かべてみてください。たっぷりと雨水を含んで、まるでスポンジのよう。ちょっとやそっとでは乾きません。こうして森に降りそそいだ雨水が流れてしまうのを堰き止め、土砂の流出や地面の乾燥を防ぐ役目も果たしています。きっとコケがなかったら、森はカラカラに乾いてしまうでしょう。

何喰わぬ顔をして、じつはすごいヤツでもあるのです。

コケいろいろ・2
〈森林のコケ〉

ジャゴケ
Conocephalum conicum
苔類
表面がヘビのウロコのようなので蛇苔。爬虫類が苦手な人は、アップで見ると気持ち悪いかもしれません。表面に光沢があり見分けがつきやすい。

オオカサゴケ Rhodobryum giganteum ／蘚類
森の中、落ち葉を踏みながらカサカサ歩いていると、よく出会います。大型でとてもきれいなコケ。でも、乾くと誰かわからないくらいくしゃくしゃになります。

タマゴケ Bartramia pomiformis ／蘚類
著者の好きなコケのひとつ。林の中の土の上などに見られ、あまり珍しいものではありませんが、見つけるとうれしくなります。「目玉のオヤジ」みたいな真ん丸の蒴（さく）を見ると、つい「おいっ鬼太郎!」「なんだい父さん」と心の中で呟いてしまいます。乾くと、見る影もなくちりちりに。

トヤマシノブゴケ Thuidium kanedae ／蘚類
葉の形がミニチュアの羊歯（しだ）のようです。苔庭などにも使われるコケ。

ネズミノオゴケ Myuroclada maximoviczii ／蘚類
ツルリとした丸い紐のような姿がネズミの尾っぽに似ている、名前も姿も覚えやすいコケ。森林に見られるのが普通なのですが、なぜか倉敷の市街地にも生えている場所があります。

ムクムクゴケ Trichocolea tomentella ／苔類
姿も名前もかわいいコケ。ムクムクしているのは葉の表面に生えているうぶ毛のせい。ルーペで覗くとよくわかります。手触りもぬいぐるみのよう。

ヒカリゴケ Schistostega pennata ／蘚類
といえば武田泰淳の小説を連想。光るのは、原糸体（p.34参照）の細胞がレンズ状で、それに外部からの光が反射するせいです。葉っぱは光りません。

キヨスミイトゴケ Barbella flagellifera ／蘚類
樹から垂れ下がるこのコケをみると、山へ来たんだなという感慨が湧いてきます。名前も手触りもはかなげなコケ。

シモフリゴケ Racomitrium lanuginosum ／蘚類
名前の通り、霜が降りたように真っ白に見えるコケ。そのワケは、葉の先が無色透明だからです。ルーペで覗くとよくわかります。

ヒノキゴケ Pyrrhobryum dozyanum ／蘚類
かつては苔庭につきもののコケでしたが、大気の汚染に弱いため、いま市街地ではまず見られません。ふんわりと繊細な美しいコケ。

コウヤノマンネングサ Climacium japonicum／蘚類
ある年代以上の方には「水中花の中に入っていた葉っぱ」と言えば、うっすらと記憶にあるかもしれません。大型で美しいコケ。

イクビゴケ Diphyscium fulvifolium ／蘚類
この粒々のところが蒴。形が変わっているので、見つけるとうれしくなる。昭和のはじめ頃までは東京の井の頭公園にもあったのだそうです。

コケではありません

「あ、それはコケじゃない」

人と歩いていて、「あのコケはなに？」と尋ねられた時によく口にするセリフです。

サギゴケ、モウセンゴケは種子植物、クラマゴケ、ウチワゴケ、コケシノブはシダ植物、ウメノキゴケ、ハナゴケ（トナカイゴケ）は地衣類《ちいるい》、とこれらはどれも、コケという名がつくのに、実際はコケではない植物です。

コケ好きのわたしたちは、「コケ」といえば「蘚苔類《せんたいるい》」という認識がありますが、世の中全体からすれば、そんなことをとやかく言う人のほうが、ごくわずか。

とはいえ、それを聞き流せないのがコケ好きのコケ好きたるゆえんですので、多少うるさがられようとも、「うん、それはコケ」、「違う、それは地衣類、地衣類というのはね」などといちいち説明しています。

古くは「蘿」と書いたコケは、「木毛」つまり木に生える小さくてももやもやしたものという意味から、現在でも「小さくて見分けのつきにくいもの」の総称として使われています。おかげでこういったややこしいことが起こってくるのですが、ではここで、「コケ」と「コケではない〝こけ〟」の見分け方を簡単に書き出してみます。

● コケ
・緑色をしている（葉緑素があり光合成をする）
・小さいながらも、はっきりとした茎と葉がある（一部をのぞく）
・花を咲かせない

● コケではない〝こけ〟
・黄色や白、灰緑色をしている
・カビみたい、ワカメみたい

以上が、大まかなポイントです。

ちなみに、おめでたい意匠として知られる「蓑亀《みのがめ》」。祝儀袋などにあしらわれている「甲羅に〝こけ〟を生やした亀」です。これもやはりコケではなく水槽の内側などにつく藻の仲間になります。

コケに間違えられます

スミレモ 緑藻類
日当たりの悪い石やコンクリートなどによく生えている。写真のようなオレンジ色になることも多く、「このオレンジのコケなに?」と頻繁に聞かれる。

コケシノブ
シダ植物
名前からも形からも間違われやすい。しかも、この反対のシノブゴケというコケ（蘚苔類）まであって、さらにややこしい。

キゴケ 地衣類
コケと比べると、ずっと白っぽい色をしています。このキゴケは珊瑚のよう。菌類と藻類が共生している生き物で、色も形もいろいろあります。

アワゴケ 種子植物
コケに混ざって生えていることが多いですが、いわゆる「草」の仲間。

緑藻類
カメの甲羅も時々古ハブラシなどで磨いてやらないと"こけ"が生えます。これは緑藻類。写真は著者宅のニホンイシガメむいちゃん。

イシクラゲ 藍藻類
晴れた日は乾燥ワカメ、雨の日は緑褐色の不味そうなゼリー状。著者のまわりでは「グランドワカメ」という俗称もあり。

Column 3

苔と蘚とコケ

コケは、「苔」と漢字で書いたほうが、それらしい雰囲気でよいものですが、「コケの生態」（36ページ）にも書いた通り、学問上は蘚苔類《せんたいるい》と呼ばれ、スギゴケなどのふかふかしたタイプの「蘚類《せんるい》」と、ゼニゴケなどのようなぺたっとしたタイプの「苔類《たいるい》」とに大きく分けられます。

細かいことを言えば　苔玉、苔盆栽などに使われてるコケたちは、本当はみな「苔」ではなくて「蘚」ということになるのです。

おかげで、わたしのように少しでも分類に興味を持ってしまった人間は、どうしても「コケ」と片仮名表記をせざるを得なくなり、気持ちの上では「苔」と書きたいのだけど、でも書けないということがよくあります。

ところが最近、じつはこの「蘚」と「苔」は元々反対だったという話を聞きました。

漢字文化の源である中国では、日本で言うところの「蘚類」を「苔類」、「苔類」を「蘚類」と表記するのです。だから、中国の『蘚類図鑑』をひらくと、ゼニゴケやらジャゴケなどの図版がババーンと出てきます。

なんてこった。これまでひたむきに「蘚」と「苔」にこだわってきた者としては、何やら狐につままれたような思いがしないでもないですが、しかし、なぜこんなことになっているのかは、実際のところよくわからないそうです。

『大字源』などで調べてみると、「苔」という文字には「衣のような草」という意味が、「蘚」という文字には「皮膚病のように、うつり広がる草」という意味があり、確かに中国式のほうがしっくり来るような気がします。

ただ、「蘚」よりも「苔」のほうが古い文字のようですし、さらに「こけ」といえば元々、小さくて見分けのつかないものの総称。その時代時代で、さまざまな使われ方をしてきたようです。

手元にある『古事類苑《こじるいえん》』という、古代〜江戸期までの文献を元に編まれた、日本最大の百科事典でも、「苔」は藻や水草のことだったり、いまわたしが問題にしている蘚苔類のことだったり、といろいろで、結局、何が正しいということでもないのでしょう。

そんなわけで、結局、カタカナ表記って、いかにも日本（人）らしくて便利なもんだなあ、という気の抜けた感想に行き着いてしまうのですが、ともあれ、わたしは「大地の衣」とも解釈できる「苔」という文字（浪漫ですねえ）が大好きなので、使えるところでは、なるべく使いたいと思っているのです。

4 採集

採集袋をつくる

1.紙を用意

B5のクラフト紙などを用意。

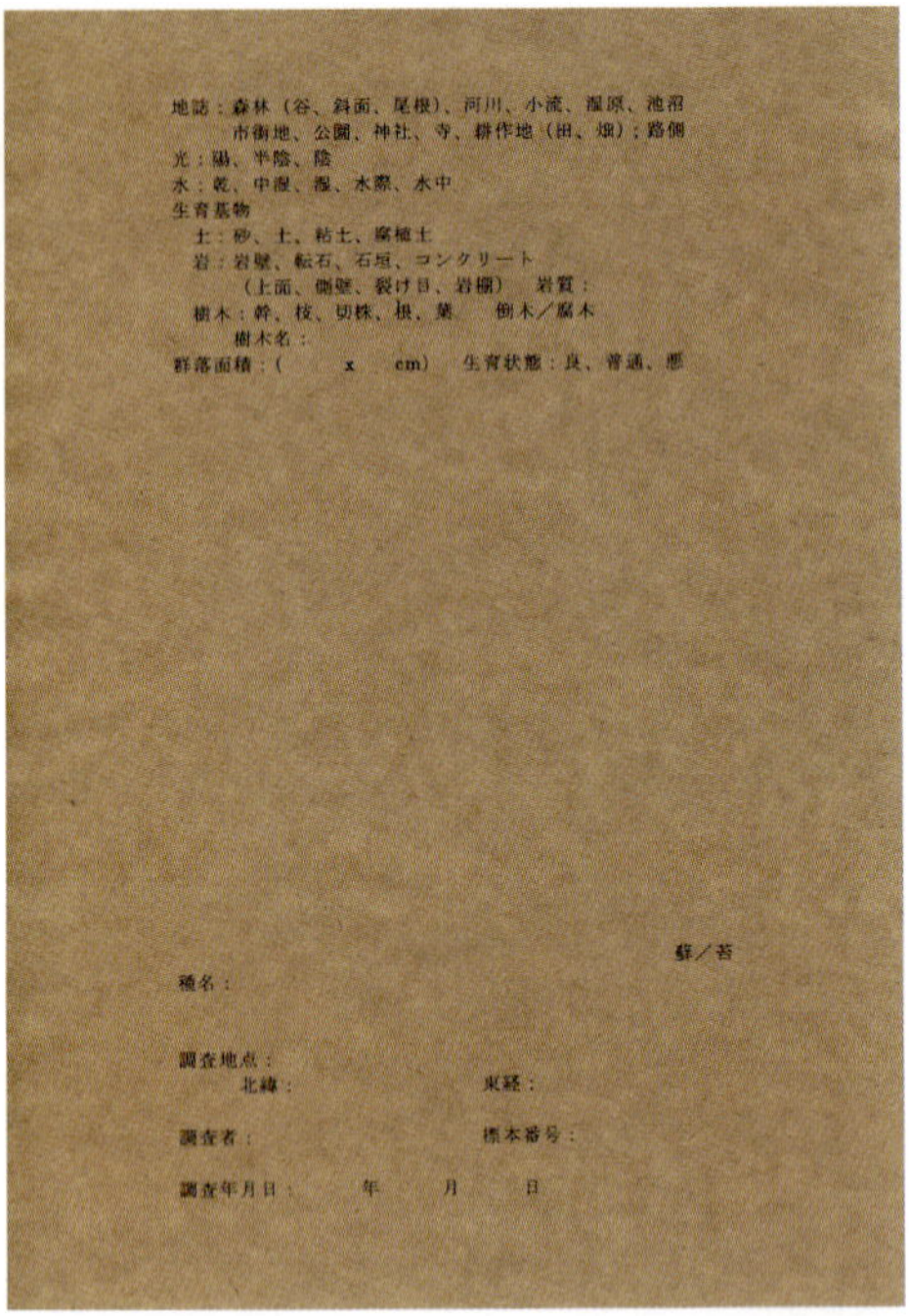

地誌：森林（谷、斜面、尾根）、河川、小流、湿原、池沼
市街地、公園、神社、寺、耕作地（田、畑）；路側
光：陽、半陰、陰
水：乾、中湿、湿、水際、水中
生育基物
土：砂、土、粘土、腐植土
岩：岩壁、転石、石垣、コンクリート
（上面、側壁、裂け目、岩棚）　岩質：
樹木：幹、枝、切株、根、葉　倒木／腐木
樹木名：
群落面積：（　　x　　cm）　生育状態：良、普通、悪

蘚／苔
種名：

調査地点：
北緯：　　東経：
調査者：　　標本番号：
調査年月日：　　年　　月　　日

2.印刷

パソコンやワープロなどを使ってチェック項目を印字。手書きの場合は、コンビニなどで複数枚コピー。

3.折る

印刷された面を外側にして折る。
この折り方だと、土などがこぼれにくい。

4.できあがり

週刊誌を一冊携え、それをちぎって折りながら採集する先生もおられるそうです。茶封筒などで代用してもよい。

カバンの中身

方位磁石

地図と方位磁石があれば、山の中でもまず安心。

ペン

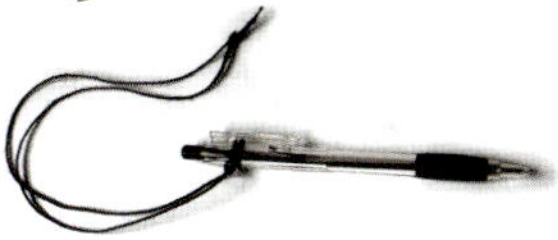

無くしやすいので紐をつけて、カバンなどにくくりつけておく。

ルーペ

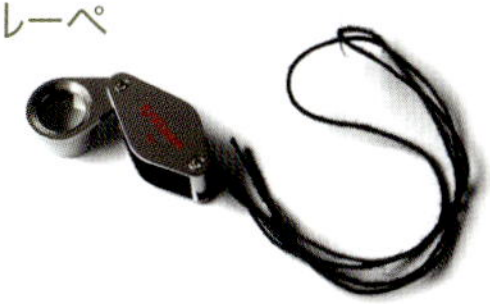

紐をつけて首からぶらさげる。

軽食

街中といえども、お店が近くにないことは多いので必須です。

メモ帳

紐をつけたペンをくくりつけておくと便利。

カメラ

接写機能の良し悪しが決め手です。三脚もあるとよい。

帽子

小さく折りたためるものが便利。

図鑑

ポケットサイズの小さなものを。

霧吹き

乾いているコケに吹きかけ「おめかし」をして写真を撮ることも。

サブバッグ

採集後は別の袋に入れるようにすると、カバンの中で混乱しなくてすむ。

ペットボトル

霧吹きに詰め替えできるので、お茶よりも水がよい。

地図

広範囲のものと、ピンポイントのものと両方あるとよい。

採集に出かける

「苔をみて花をみない」

これは、足下のコケばかりを見て歩く自分のことです。

コケが生えている場所というのは、ほとんどが人間のひざよりも下。しかも、とても小さいので、気をつけていないと、たちまち見落としてしまいます。

花々の咲きみだれる春も、草木萌ゆる初夏も、赤や黄色に色づいた葉に自然の妙を感じずにはおられない紅葉の季節にも、いざコケ観察となれば、目線は必ず下。ゆっくりじっくり、ひとあしひとあし。

気になるコケを発見したなら、すぐさましゃがんで、這いつくばって、首からさげたルーペで覗き込み、「ええっと、このひとは、シッポゴケの仲間かな」「こっちはアオギヌゴケの仲間だろうけど、う〜ん、難しいなこれ」などとぶつぶつ言いながら、ためつすがめつ。わからないものは持ち帰って調べるので、「ちょっとだけいただきますよ」とひと言コケに断わってから採集袋に入れて、生えていた場所などを忘れないうちにその場でメモ。そうだついでに写真も撮っておきましょう。

なんて調子で、ただひたすら地面すれすれのところに貼りついています。時には、「あっキノコだ」、「これはムラサキホコリカビ（変形菌）だな」、というような楽しい発見はあるものの、足元のピンクの花びらを見てはじめて目の前の満開の桜に気がついた、なんてこともしばしば。ここまで行くともう「苔の病《やまい》」と呼びたくなります。

コケは花を咲かせず胞子で増えるため、隠花植物《いんかしょくぶつ》とも呼ばれています。これは文字通り、花が隠れているのであって、決して花が無いわけではありません。俳句の季語で使われる「苔の花」、これは一般に蒴《さく》（胞子体）を指しますが、そればかりではなく、コケのなかには目には見えない感覚的な〝花〟があると、わたしは思っています。そんなつつましい花を見つけようというのですから、どうしてもそれよりも大きなものは目に入らなくなるのでしょう。

ところで、コケを採集する場合は、まず、その場所が他人の敷地内でないかをよく確かめましょう。そして、なるべく同じものがたくさん生えている場所から少しだけ採るようにしてください。コケは放っておけばいつのまにか増えますが、根こそぎ採っては増えようがありません。

いざ採集

1.服装

ひじやひざをついて観察することが多いので、長袖、長ズボンが基本。夏は蚊取り線香やかゆみ止めもあるとよい。

2.目線は下

目線はひざよりも下。ほかの動植物には、なるべく気をとられないように。

3.しゃがむ

コケ観察は、とにもかくにも「かがむ」「しゃがむ」「這いつくばる」ものです。

4.ルーペで観察

まずルーペを目にあててコケに近づきます。

5.ちょこっといただく

持ち帰って調べる時は、少しだけ採集。

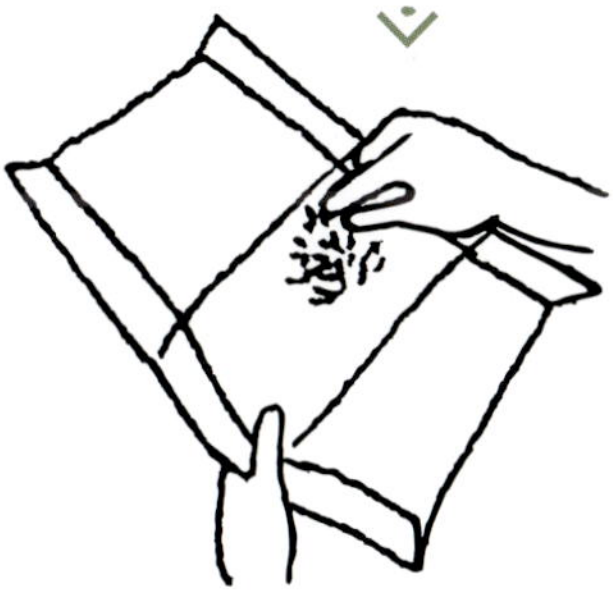

6.採集袋に入れる

採った順番に番号をつけておくと、あとで思い出す時にも役立つ。

7.すぐにメモ

あとで書こうなどと思うと、絶対わからなくなるので、採集袋にその場でメモ。

8.写真

メモの補足にもなるので、風景写真などを撮っておくことも。

採集時の注意

- 他人の敷地内でないかよく確認する。
- なるべく同じものが、たくさん生えている場所から必要なだけとる。
- 土などは、あまりきれいに落とさないほうがよい。

コケの名前

「知らないことを知るのはいつもたのしい」

これは以前、音楽家の工藤冬里さん、礼子さんご夫妻と、愛媛県は砥部の山へご一緒した時、コケに夢中になっているわたしを見て、どちらともなく言われた言葉です。

コケというものは、とても小さくて見分けがつきにくいので、いくら図鑑と照らしあわせてみても、草花のように簡単には調べがつかないのが普通です。まるで、コケ自身が、名前をつけられるのを拒んでいるかのように、専門家でさえ、野外で確実に見分けられる種類は限られています。

目に留まったコケの名前がわからなくて、いつも携えている採集袋に入れて持ち帰ろうとしているわたしに、「名前や違いなんて、どうでもいいじゃない」、そう意見する人も少なくありません。

雪の結晶の研究で知られる科学者、中谷宇吉郎の随筆のなかに「自然の神秘に感嘆するだけでは科学的と言えないという考えは間違いである。本を読んで名前を覚えたりすることよりも自分の眼で一片の雪の結晶を見つめ、その自然の美しさと調和に感覚を開くことのほうがずっと科学的であるし、またそれは人間性の芽生えでもある」というものがあります。大好きな一文です。

コケを見て、きれいだな、面白い、そう思えるならそれで十分とも言えるのでしょう。

でも、それでもわたしはそのコケの名前が知りたくて、毎日うんうん唸りながら図鑑をめくり、顕微鏡を覗いています。

それはなぜかといえば、やはり「知らないことを知るのはいつもたのしい」から。この、とてつもなくシンプルで根源的な言葉は、以来ずっと宝物のようにわたしの胸にあります。

ところで、気になったコケの名前がよくわからない時、わたしはひとまず、小山さんちの階段に生えていたから「コヤマさんゴケ（階段の途中）」なんていう、単純であとから思い出しやすい名前を勝手につけて整理しています。

一応のものでも〝呼び名〟があると、急に親しみがわいてくるのが不思議です。

名前を調べる

1.このコケはなんだろう

採集してきたコケ(乾燥状態)を水にひたして元の姿に。

2.図鑑を手元に

何冊か見比べてみるのが望ましい。

3.これかな?

葉っぱの形が似ていますが説明文を読むと「乾くと強く縮れる」とあるので違いました。

4.これだ!

スナゴケでした。葉っぱの先が透明になっていて乾くと茎にぴったりくっつきます。

違って見えても同じ仲間

コバノチョウチンゴケ Trachycystis microphylla

コバノチョウチンゴケ（蒴《さく》つき）

コツボゴケ
Plagiomnium trichomanes

コツボゴケ
（蒴つき）

ケチョウチンゴケ
Rhizomnium tuomikoskii

ケチョウチンゴケ
（蒴つき）

チョウチンゴケの仲間

上の3種類は、どれも同じチョウチンゴケの仲間。
右側のように蒴が提灯のように垂れ下がるものが多いのでこの名前があります。

顕微鏡を覗く

「顕微鏡がほしい」。

生まれて初めて顕微鏡でコケを見た時の率直な感想です。

コケは似たような形をしたものがたくさんあるので、いざ調べるとなるとたいそう骨が折れるものです。

針の先ほどの小さな葉を顕微鏡で覗いて、その形、さらには細胞の特徴などから判断しなくてはならないのですが、でもこの顕微鏡下の世界というのがまことに美しく、肝心の「調べる」ということなどすっかり忘れて見入ることもしばしば。

緑や黄緑のとろりとしたなかに、丸や四角や菱形など、いろいろな形をした細胞がならんでいて、もしもこの細胞の海のなかに入ってみることができたら、いったいどれだけ気持ちがよいだろうと妄想は果てしなく広がります。

漱石門下の随筆家としても知られる、物理学者の寺田寅彦は、「病室の花」という文章のなかで、いかによくできた造花でも、顕微鏡で見れば、何の魅力もない粗雑な繊維の塊であるのに比べて、どんなにつまらないと思われている草花でも、これを顕微鏡で覗いてみれば、じつに驚くばかりに美しい、というふうなことを書いていました。

コケを顕微鏡で覗いたときに感じる不思議さや感動も、まったくこのとおり。日頃、気にもとめられないどころか、踏みつけられさえしている、このつつましい緑の美しさは、顕微鏡のなかでこそ発揮されるとも思えるのです。

コケに限らず、身のまわりにある、普段なにげなく眺めたり手に取ったりしているものをいろいろ顕微鏡にのせてみて、いつもとは違うスケールで見てみるというのも、思わぬ発見があって楽しいものです。

わたしは試しに自分の手指を拡大してみて「わっ、人間ってけっこうきたない」とびっくりしたのをよく覚えています。いえもちろん、きれいなものもたくさんありますので、ご心配なく。

顕微鏡、いろいろあります

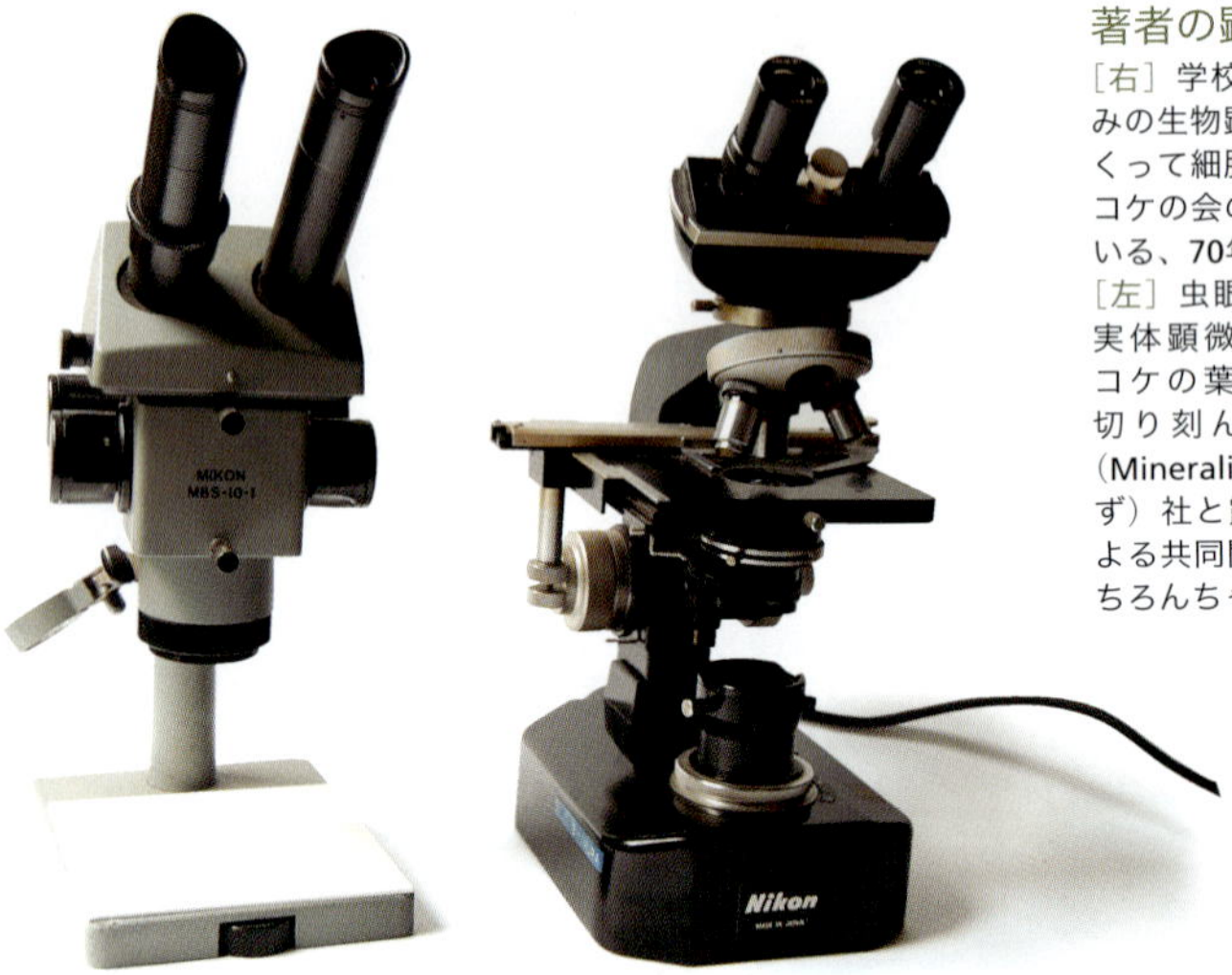

著者の顕微鏡

［右］ 学校の理科の授業でもおなじみの生物顕微鏡。プレパラートをつくって細胞などを観察します。岡山コケの会の西村先生より貸与されている、70年代のNikonの名機。
［左］ 虫眼鏡の親玉のような役割の実体顕微鏡。これを覗きながら、コケの葉っぱの形を確かめたり、切り刻んだりします。独MIKON（Mineralien Kontor、Nikonにあらず）社と露Lomo社（あのロモ!）による共同開発という珍品。でも、もちろんちゃんとした実用品です。

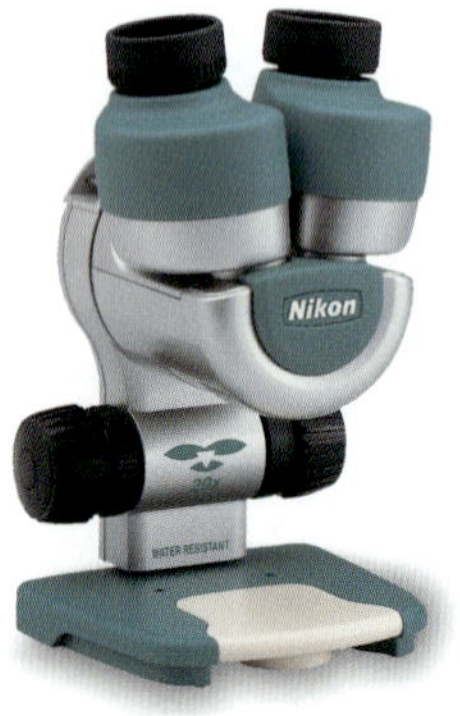

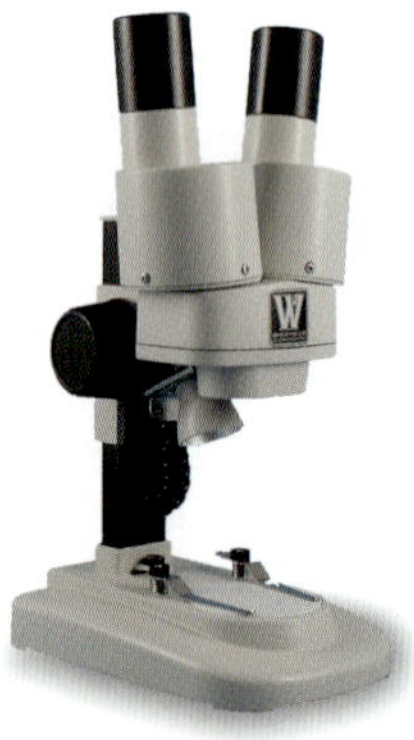

NIKON ファーブル・ミニ

野外観察用の実体顕微鏡。軽くて丈夫です。この鏡筒部分を直接コケの方に向け、高倍率のルーペの替わりにする、というのは屋久島の林田信明さんが編み出した裏技。

実体顕微鏡

WRAYMER MICROSCOPE「TW-100MODEL」1万円強と安価ですがしっかり「使える」良品です。

生物顕微鏡

子どもの頃買ってもらったものが押し入れの中に、という人もけっこういます。WRAYMER MICROSCOPEの「EX-100MODEL」（2万円強）もオススメ。

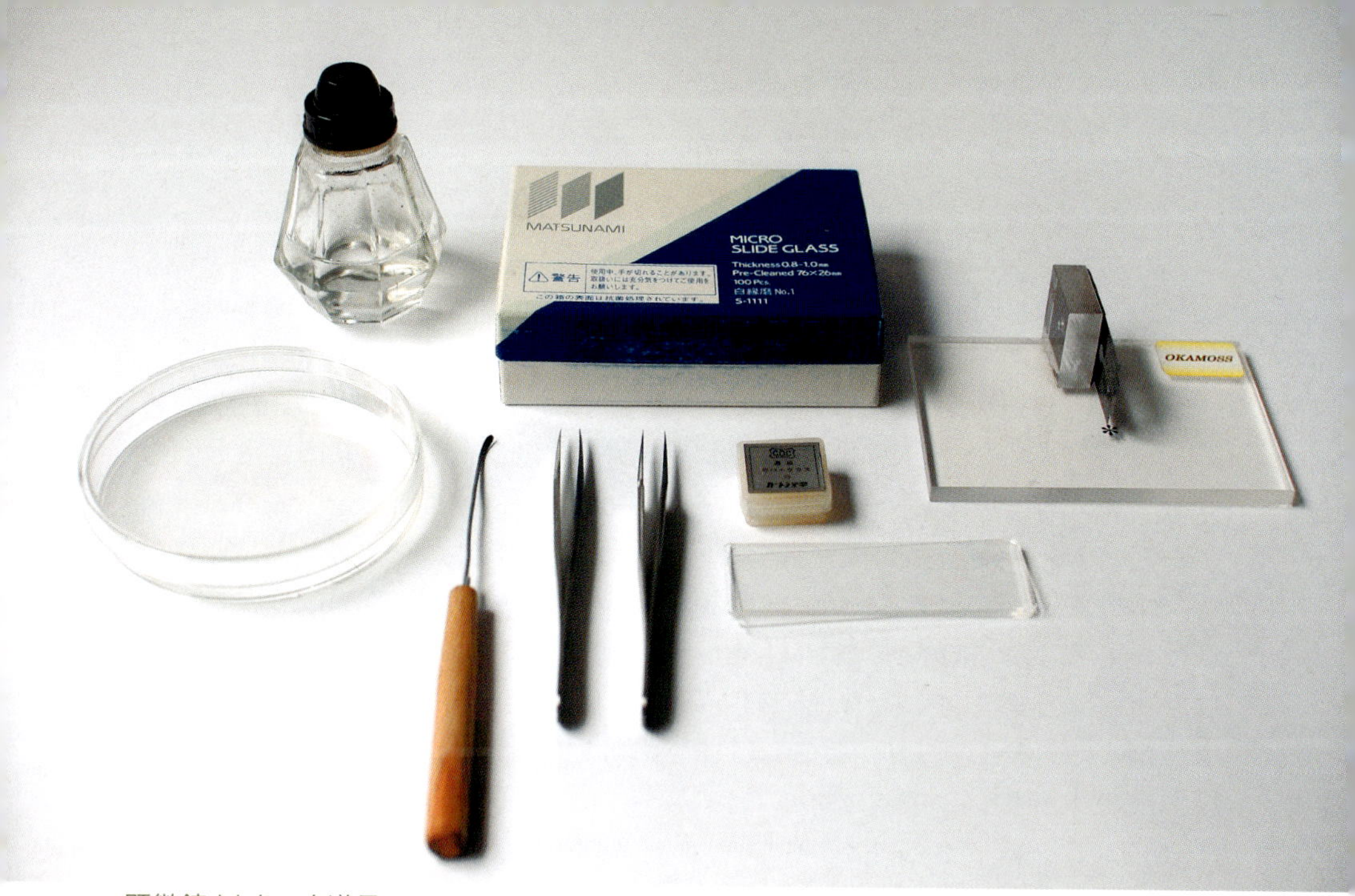

顕微鏡まわりの小道具

時計まわりに、水、プレパラート、コケカッター、カバーグラス、ピンセット、コケ押え、シャーレ。

実体顕微鏡でみたコツボゴケ

葉の形やつき方を確かめたり、ピンセットでバラバラにしてプレパラートを作ったりします。

生物顕微鏡でみたコツボゴケ

とろとろとした細胞の海。六角形のような細胞がコツボゴケの特徴。

撮影：西村直樹

Column 4

苔の本

コケを調べるのに役立つ本をいくつかご紹介します。

『日本の野生植物　コケ』
岩月善之助・伊沢正名（平凡社）　2001年

いま、容易に入手できるもののなかでは、もっとも頼りになる図鑑がこれです。しかも、みとれるような美しいコケ写真が満載。コケの多様さを実感していただけると思います。お値段が張るのが難点ですが、コケの分類までしてみようという方は必携です。

『野外観察ハンドブック　校庭のコケ』
中村俊彦・古木達郎・原田浩（全国農村教育協会）　2002年

低地や市街地で見かける身近なコケ、地《ち》衣類《いるい》を、写真と丁寧な解説とで紹介している、入門篇のような図鑑です。わたしの住んでいる倉敷市のコケも、ほとんどこの一冊でこと足ります。

『フィールド図鑑　コケ』
井上浩（東海大学出版会）　1986年

持ち歩きに便利なポケットサイズの図鑑です。身近なコケから高山のコケまで、かなりの種類が掲載されているお気に入りの一冊。また、顕微鏡観察の際に重要な、葉や蒴《さく》、細胞の線画が豊富なのも魅力です。

『新装版 山渓フィールドブックス8 しだ・こけ』
岩月善之助・伊沢正名（山と渓谷社）
2006年

コケを探していると必ず目につくのが、シダと地衣類。これらがまとめて、美しい写真で紹介されているお得な図鑑です。まずは写真を眺めて楽しみたいという方にもおすすめ。

『苔の話』
秋山弘之（中公新書）　2004年

もっと詳しくコケの生態を知りたい、という方は、ぜひこの本を。また、内容はある程度重なりますが、『コケの手帳』（研成社）も「読むコケ」として最適。

そのほか、すでに絶版や品切れなどで入手は困難ですが、『原色　日本蘚苔類図鑑』
岩月善之助・水谷正美（保育社）1972年、『たくさんのふしぎ　ここにもこけが…』越智典子・伊沢正名（福音館書店）、『コケの世界　箱根美術館のコケ庭』高木典雄・生出智哉・吉田文雄（MOA美術・文化財団）などは、古本屋さんで見つけたら、迷わず買ってください。

5
整理

収納の様子

コケボックス

ここには、見栄えのいい古い文机を載せましたが、このほか、家のあちこちで段ボール箱や衣装ケースも活躍しています。

屋久島で拾ったサンゴ（手前）、イギリスのダンジェネスで拾った穴の開いた石（左奥）。

引き出しの中には、同定（名前を調べること）済みのコケの標本とその他もろもろ。

コケファイルとコケノート

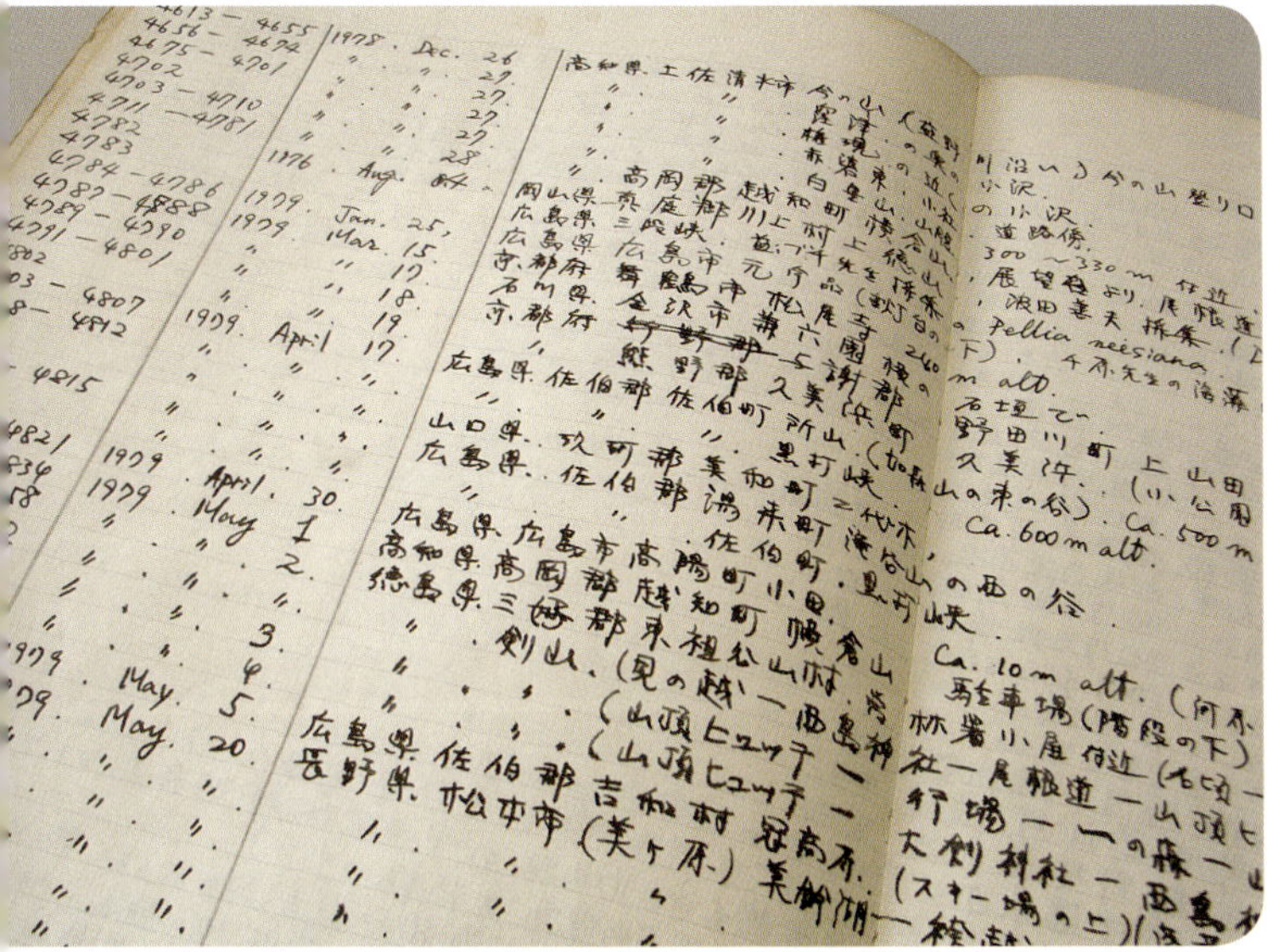

標本ノート

コケの西村先生の学生時代のノート。標本番号と日付、採集場所の記載のみの、いたってシンプルなものですが、でも、これを眺めるだけでも、いろいろな風景がよみがえってきそうです。

コケファイル

仲良しの小山千夏さんが提案してくれた「コケファイル」。事務用のリングファイルにびっしり古切手を貼り付けてあります。色合いもなんだかコケみたい。

採集袋をそのまま綴じたり、
写真を貼り付けたり、
気負わずコケ整理ができます。

標本と整理

「ほったらかしだと、ただのゴミ」、これはコケ仲間の合言葉。採集したコケはできるだけ標本にするようにしています。

わたしは趣味で、コケのほかにも海藻や変形菌（粘菌）を標本にすることがありますが、時間の経過や取り扱い方次第で状態が悪くなったり形が崩れたり、となかなかやっかいなものです。それと比べれば、コケを標本にする手間など無いに等しいといえるほど。

あとで混乱しないよう「採集袋ひとつにつき、コケ一種類」と「その場ですぐにメモ」の原則を守りさえすれば、自然に乾かすだけ。コケは名前を正確に調べるのには時間がかかるため、わたしはひとまず部屋の片隅に置いている、「コケボックス」（と呼んでいる標本や採集物を入れる箱）に入れておいて、時間のできた時にゆっくり取り組みます。

博物館や大学の研究機関などにおさめられているような、学術的にも通用する標本のことは〝科学的証拠標本〟といえます。なにやら難しそうに聞こえますが、じつはこれもそれほど恐れるようなものではないのです。

どこへ出しても通用する標本であるために最も大切なのは、「いつ、どこで、だれが採集したのか」ということ。そのものの名前はあとからでもいいくらいです。逆にいえば、いくら学名まできちんとわかっていても、採集場所、採集年月日、採集者の記載がなくては、これは科学的証拠標本とはいえません。

例えばの話、旅先で何気なくつまんで帰ったコケが、じつは新種のコケだったなんてことになった場合、もしそれに場所と日付とあなたの名前が書いてあれば、そのまま博物館に収蔵、なんていうこともありえますが、それがなければ、「いつかどこかで誰かが採ってきたコケ」でしかないのです。

もちろん、皆が皆、そんなことまで気にかける必要はないのですが、コケに限らず、何気なく拾った石や貝殻に、ちょこっとメモを残しておくと、あとで取り出して眺めた時、自分でも驚くほど、それを拾った時の感覚や景色がよみがえってくるもの。これは写真に勝るところがあるような気がします。ちょっとした、記憶呼び出し装置のようなものでしょうか。

そんなわけで、わたしの「コケボックス」のなかには、じつはコケじゃないものも、たくさん入っているのです。

標本のつくり方

1. 採ってきて

人間は忘れて行く生き物なので、
なるべくその日のうちに整理します。

2.乾かす

採集袋から出さないように、
そのまま広げて乾かす。

3.ゴミを取る

乾いてくると、ゴミなどがパラパラ落ちるので、ある程度取り除く（ただし、何に生えていたかという証拠にもなるので、土はついたままにしておく）。

4.標本ラベル

自分専用の名前をつける（例：「山田花子植物標本庫」など）
Bryophytesとはコケのこと。

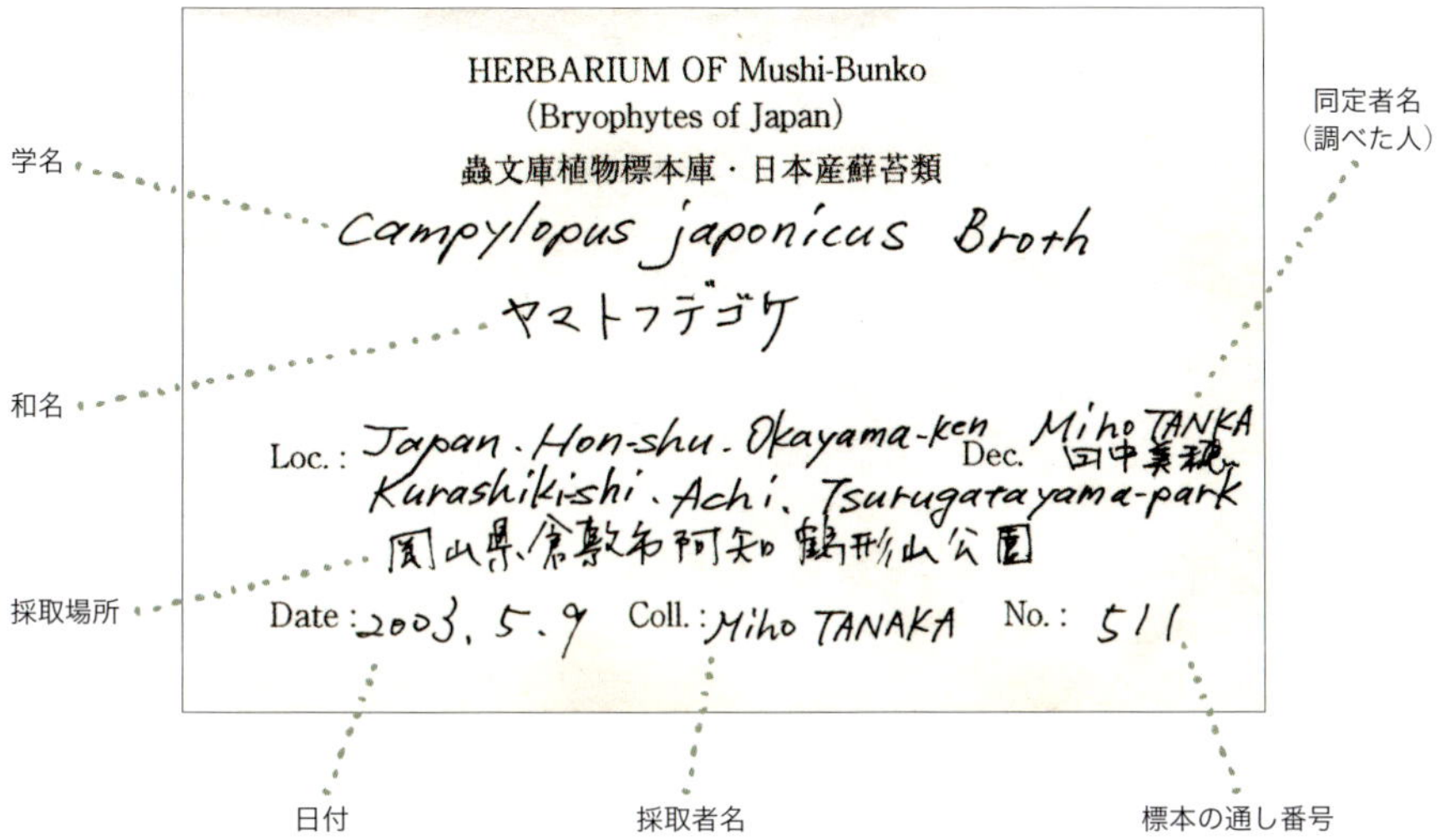

5.書く

名前がわからなくても、場所と日付と自分の名前だけはきちんと書いておきます。

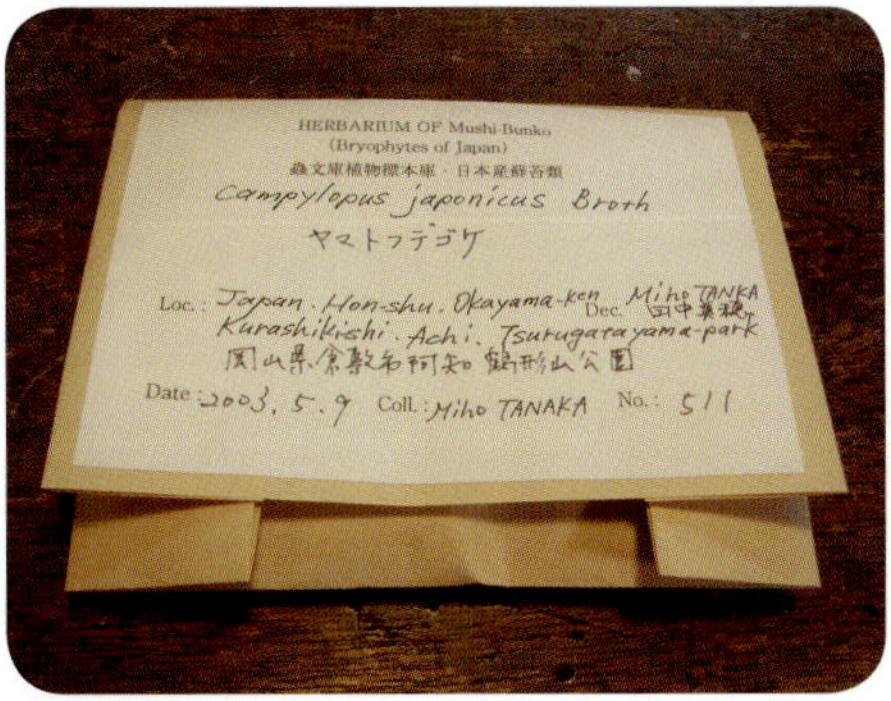

6.できあがり

“科学的証拠標本”のできあがり。

コケ写真

コケも風に揺れる。

これは、コケの写真を撮ろうとした時はじめて知ったことです。

乾燥させて標本にしたコケは、年月とともに茶色く色あせ、正直なところ、あまり美しいとはいえません。

その状態から、みずみずしい元の姿を想像してほくそ笑むことができれば一人前ですが、それはあくまで専門家レベルのお話。

そこで便利に使っているのがカメラ。自然に生えている姿をそのまま残すことができます。最近では、性能のよいコンパクトタイプのデジタルカメラも数多く出回っていますので、写真を撮ろうという意気込みがなくとも気軽に持ち歩くことができます。

コケの写真を撮るのに必要なのは、接写機能（一眼レフを使用する場合はマクロレンズ）と手ブレを防止するための三脚。小さなカメラなら、手のひらサイズの三脚でも十分です。わたしは被写体前1センチまで近づけるカメラを使っていますが、少なくとも3〜4センチ前までは寄ることのできるものをおすすめします。

撮りたいコケが決まったら、三脚にカメラを取りつけて、液晶画面、またはファインダーを覗いて確認。肉眼では気にならなかった小石や犬の毛などが、まるで大きな岩や木の枝のように見えるので、気になるようなら取り除きます。

いざ、と思ってシャッターを切ろうとしたら風がふいて揺れたり、ようやく風もやんだと思ったら、今度は蟻さんが通りかかったり、となかなか難儀するものですが、でも先を急ぐ時にコケ撮影などしないものなので、とにかく辛抱強く待つことです。

コケを写真に撮るということは、ルーペや顕微鏡のなかに広がる世界を切り取って、こちら側へ持ってくることができるということです。

「コケなんて何がいいの?」という質問をよく受けますが、そんな時、お気に入りのコケの写真を何枚か見せると、たいてい、「へえ、こうやって見ると、案外きれいなものなんだね」という、うれしい反応がかえってくるのです。

撮影道具

デジタルカメラ／
［右］Ricoh Caplio GX100 ［左］Ricoh Caplio R4

コケを撮るなら、リコーのコンパクトデジカメが最適です。というより、これしか無いのです。GX100はコンパクトデジカメの中では最高級の部類ですが、やはりそれだけのことはある、写りも使い勝手もすばらしいカメラ。R4は比較的手頃な価格帯のシリーズですが、十分きれいに写ります。小さいのも魅力。

三脚

小さなものを撮るというのは、すなわち手ブレとの闘い。三脚はぜひひとつ。写真は、たたんだ状態で12センチ程度のミニサイズ。

銀塩カメラ／Canon AE-1 Program

たいして詳しくはないのにカメラ好きなので、一眼のフィルムカメラも使います。あれこれと自分で工夫できるのがアナログの楽しいところ。物らしい物を持たなかった父の唯一の遺品でもあります。

お気に入りアルバム

イギリスはドーバー海峡にほど近いダンジェネスにあるデレク・ジャーマンの庭のコケ、地衣類、多肉植物と石。同行の方から「あなたのための“幕の内弁当”みたいね」と言われる。

屋久島の森のシッポゴケ。
空中湿度が高いので、どのコケものびやかに美しい。

Column 5

変形菌つながり

高校時代、生物部と社研（社会問題研究）部と書道部という3つの部活動をしていました。

こうして複数の部活に所属することを、「兼部」と言ったように思いますが、その「兼部」という、ある種活発なイメージとはうらはらに、わたしの現実はといえば、3つが3つとも、「へえ、そんなのあったんだ」とクラスメイトからも言われてしまうような地味なものばかり。でも、学校嫌いで友達も少なかったわたしの、ただひとつの楽しい思い出が、これらの部活動だったのです。

なかでもメインは生物部でした。顧問のT先生の研究対象だから、という否応ない理由から、テーマは変形菌（粘菌）の採集と観察。

変形菌というのは、森や林の中の朽ち木などに生える菌類の一種で、一生の間に動物的な時期と植物的な時期とがある、じつに魅惑的で面白い生態を持っている生き物です（「南方熊楠が研究していた」と言えば、ピンとくる人もいるかもしれません）。

放課後の生物準備室で、顕微鏡を覗きながら図鑑とにらめっこ。料理用のバットに寒天培地をつくって変形体（動物的な時期の変形菌）がエサになるオートミールに向かって移動してゆく様子を観察したりしていました。また、日曜日などは、T先生以下、部員数人とともに変形菌を求めて山の中を這いずりまわったりしていたのも今となっては楽しい思い出です。

とはいえ、その後、中沢新一の『森のバロック』や大規模に巡回展示された「南方熊楠展」などのおかげで一躍脚光を浴びた変形菌の存在に、「おお、高校の時にやってたのはこれか！」とポンとひざを叩いてしまったほど、当時は、なんのことやらよくわからずやっていたのですけれども。

そういえば、それまで変形菌に関して一般向けに出されていた本は『森の魔術師たち』萩原博光・伊沢正名共著（現在は絶版）ただ一冊。高校生のわたしは、毎放課後、それを飽きず眺めていたものです。まさか、こうして自分が、その伊沢さんに写真を提供していただけるような本を出版することになろうとは夢にも思いませんでした。

人と人とのつながりというのは、なんとも不思議なものです。

6 啓蒙

コケ郵便届く!

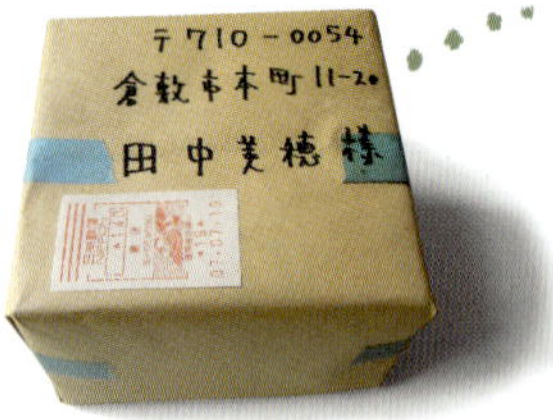

音楽家のK夫妻より郵便物が。

演奏に行かれたフランスからの「コケ土産」。"ラッキーストライク"の上はノルマンディのシロシラガゴケ（たぶん）。タバコやお菓子の箱が、南方熊楠が粘菌を入れていたキャラメルの箱を連想させます。

イギリスへ鉱物採集に出かけた、ご近所のNさんにお願いしていたコケ・エアメイル。

湖水地方、ホークスヘッドの森、そして憧れの古本の村、ヘイ・オン・ワイのコケ!　シノブゴケの仲間などです。この包みは、昆虫採集用の三角紙。

啓蒙活動の一端

「蒔きゴケキット」でコケの啓蒙大作戦（p.90参照）。

気の合う友達に送りつけます。
お誕生日などには「コケ図鑑」をいっしょにプレゼントすることも。

そして、忘れた頃に「生えてきた!」という報告が。

分かちあうよろこび

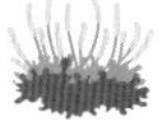

類は友を呼ぶ、というのか、わたしのまわりには、きっかけさえあれば、コケ観察を趣味にしてくれそうな「コケ好き予備軍」がたくさんいます。

「玄関のところの、あれはコカヤゴケでしたよ」、遊びに行った時、ぴぴっとつまんで帰ったコケを、あとから標本にして、現場写真といっしょに郵便で送ります。

自分の家のまわりにコケが生えているかどうかなんて、あまり知らないものなので、これはなかなか喜ばれます。そうしているうちに、最近では「これは○○ゴケかな？」と乾燥したコケが写真つきで送られてくるようにもなりました。

はるちゃんという、2歳半になる友達の子どもは、最近コケを見つけると「これ、みんみ（著者のこと）が好きなの」と言うそうです。それを聞いたときは、もう思わずとろけそうになりました。はるちゃんも、コケが好きなのだそうです。

また時折、旅先で見かけたコケを「お土産」として持ち帰ってくれる人もいます。

わたしはひとりで古本屋をやっているので、あまり頻繁に外出できません。一日に自転車で15分程度、店と住まいを往復するだけの、そんな狭い範囲のなかで何十年も暮らしているのですが、おかげで「徳島の温泉のそばに生えていた」とか「盛岡に行ってきたから」、「春休みで奄美に」、なかには「アメリカはオリンピアの森の」とか「スロベニアのイドリア鉱山の」なんていうマニアックなものにまで、店の帳場にいながらにして出会うことができるのです。これはなんという贅沢でしょう。

なにもそれが珍しいコケである必要はありません。そんな、まだ地図の上でしか知らない場所にも、やっぱり当たり前のような顔をしてコケは生えているんだな、とそう確認できることが何よりの喜びです。

そして、こうして送られてきたコケは名前を調べてラベルをつけ、送り主によっては半分ほどお返しし、あとの半分はわたしの標本箱に大事にしまいます。

コケは見分けるのが難しい植物なので、最初から名前にこだわりすぎると、かえってコケそのものへの興味まで失いかねないという部分があります。でも、それまで土との境目の「緑のもやもや」だったのが、例えば「ギンゴケ」だなんてわかれば、きっとそれだけで、身近で愛おしいものにランクアップするはず。ということを信じて、わたしは今日もコケの啓蒙活動に勤しんでいるのです。

コケ状況を知らせる

1.友達の家を訪問

周りにどんなコケが生えているのか興味津々。

2.状況写真を撮る

普通の人は「コケを中心にものを見る」ということはしないので、なかなか新鮮に感じてもらえるようです。

3.採集

正確な名前を調べるため、ちょこっと採集。

手紙の中身

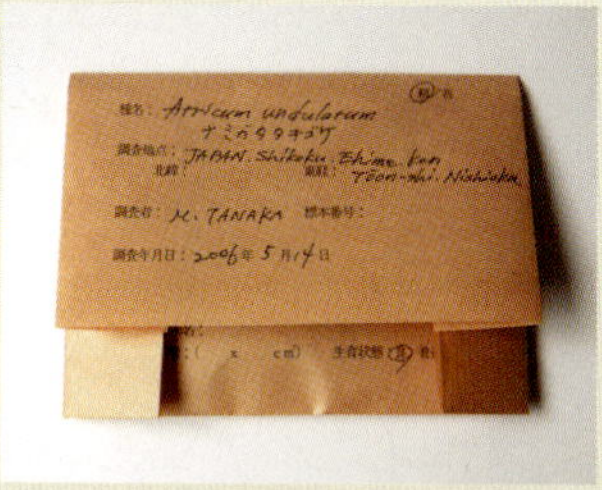

標本

名前がわかると親近感がわきます。

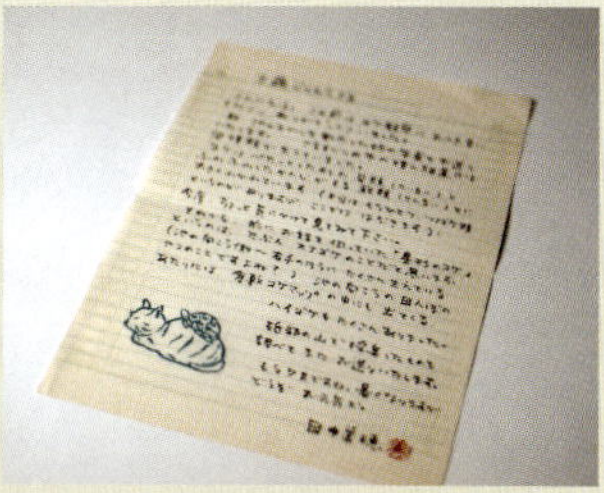

手紙

周辺のコケ状況をお知らせ。

写真

ハガキサイズにプリントしたコケの写真を透明の袋に入れ、上から白い油性ペンで書きました。

コケをおしえてくれたひと

もうかれこれ10年くらいは前でしょうか。友達に誘われて参加した近くの博物館主催のコケの観察会が、わたしの本格的なコケ人生のはじまりでした。場所は私の店のすぐ裏手にある鶴形山。子どもの頃からの散歩コースでもあります。

高校時代、生物部で変形菌（粘菌）の観察をしていたせいで、野外で小さなものを見つけるのは得意なほう。その時、案内役をしてくださっていた、岡山コケの会の西村直樹先生から「お、あなたなかなか〝いい目〟をしていますね」と褒められたのがきっかけです。

なにやら笑われそうなくらい単純な理由ですが、でも子どもの頃から、勉強も運動も人付き合いも、およそ他人より秀でたところなどなかったもので、このひと言がどれだけうれしかったかしれません。20代も半ば近くになってようやく自覚できた「得意分野」でした。

わたしの所属している「岡山コケの会」というところは、〝コケ〟でご飯を食べているような専門家の先生はもちろん、わたしのような、趣味としてのコケ観察、とか、苔庭をつくりたい、コケの写真を撮りたいというような、さまざまな目的の人が活動しています。コケに関する団体のなかではかなり間口が広いせいでしょう。名前に岡山とついてはいますが、会員は全国各地に広がっています。

コケ観察は基本的にはひとりで行うものです。

コケの会に入会したからといって、手取り足取りコケのことを教えてもらえるわけではありません。ただ、コケ研究や観察というのは、とくに何の役に立つわけでもないので、損得抜きに「ただコケが好き」でないとできない部分がありです。ですから、その道に興味を示す奇特な人には、みな好意的です。

初心者向けの観察会などは、コケに興味をもち始めたばかりの人にはうってつけですし、さらに興味や好奇心さえあれば、どんなに初歩的で素朴な疑問にも、また相当高度な質問にも親切丁寧に応対してくれる、頼りになる場所なのです。

ところで、この会の創設者である、故井木長治氏は、在野のコケ研究者として知られる人物ですが、生前のお住まいは、わたしの店のすぐそばにあり、コケ観察をはじめられたのも、この鶴形山だということ。なにやら不思議な縁を感じずにはおられません。

コケ散歩に誘う

1.電話でおさそい

雨あがりの晴れた日が理想的。

2.観察セットも2人分

ルーペや霧吹き、採集袋など友達の分も用意します。

3.いざコケ観察

目線は低く、自分がコケだったら
どんなところに生えるだろう、と
想像しながら探します。

4.お気に入りの場所へ案内

初心者向き観察コースのスタート地点。
わたしのコケ人生始まりの岩があります。

樹木には樹木特有のコケも見られます。
とても小さいものが多い。

ブロック塀もコケがよく生える場所のひとつです。

石段のすきまにはおなじみのギンゴケなどが。

一見同じコケばかりのように見えますが、
よく見ると5種類以上あるのです。

5.じっくり観察

まっすぐ歩いて20分くらいのコースに、
見分けやすいコケだけで20種類ぐらいあります。
だから当然、何時間もかかります。

6.家に帰っておさらい

友達の感想を聞くのも楽しみのひとつ。

Column 6

苔文学

苔の登場する文学作品というものも、意外にたくさんあるので、いくつかご紹介いたします。

『ありときのこ』——朝についての童話的構図
宮澤賢治

「苔いちめんに、霧がぽしゃぽしゃ降って」という、すばらしい一文からはじまります。

羊歯《しだ》と苔の森にすむ蟻の子どもが、ある朝突然あらわれた白くて大きな「柱」(実はきのこ) をめぐって、おおあわてする、という、ただそれだけ、といえばそれだけのお話です。

童話集などに収められていますが、童話というよりは散文、もしくは俳句のような趣で、物語ではなく、情景がみえてくるような作品といえるでしょうか。

私に絵心があったなら、これに挿し絵をつけて、手のひらに収まるような、小さな本にしてみたいと思うのです。

『第七官界彷徨』　尾崎翠

「尾崎翠好きでしょう?」そう、よく尋ねられます。

内向的で、自分が「女の子」であることに、どこか遠慮のある、主人公の町子。その兄の二助は毎晩熱いこやしを炊いて、「蘚《こけ》の恋愛」を研究しているのです。

最初から最後まで、とにかく「蘚は」「蘚が」「蘚を」と、我らがコケが押すな押すな。こんな文学ほかにありません。

尾崎翠自身は、「わたしは枯れかけた一本の苔《こけ》です」という言葉を残しているように、若くして筆を絶った不遇ともいえる作家ですが、でもその作品は、いまなお、あちこちで熱烈な愛読者を生み続けています。本当に苔みたいなのです。

はい、ご明察。もちろん好きですよ。

ほかにも、武田泰淳『ひかりごけ』、尾崎一雄の随筆『苔』なども好きな作品です。そして、これ以上ないと思うのが、永瀬清子の詩『苔について』。この本の見返し部分に掲載していますので、ぜひ読んでみてください。

7 実用

蒔きゴケ

1.細かくほぐす

土についている雑草の種などを取り除くため水洗いする。比較的大型のコケは、切出しナイフやハサミなどで刻み、小型のコケは指先でほぐす。直径10センチ程度の植木鉢なら、親指の先程度のコケの量で十分。スナゴケ、ギンゴケ、ハイゴケ、ホソウリゴケなど、道端にたくさん生えているようなコケが上手く育ちやすい。

2.混ぜる

植木鉢に、花を植える時のように7分目ほど土を入れ（左）、少量の土と1のコケ（右）を混ぜたものを上にかぶせる。土は、サボテンの土など、栄養分の少ない土が向く。鉢は、底に穴さえ開いていればなんでもよい（写真は、陶芸家でもある工藤冬里さんが「コケを育てるのにどうですか?」と分けてくださった、水の洩れる陶器）。

3.置いておく

夜露や雨のかかる場所に放置。気が向いた時に時々水をやるとよい。環境によりけりですが、早ければ1～2カ月すると緑色のものがちょろちょろ覗きはじめます。時間のかかるものもあるので、なかなか生えなくても、あきらめずに放ったらかしておきましょう。相手はコケです。どうぞ気長に。

注：コケの種類や環境によっては、
上手く育たない場合もあります。

2月19日（約2カ月後）
我が家と相性のいいギンゴケさんが、
さっそく覗いてきました!

3月19日（約3カ月後）
どんどん増殖しています。表面が妙に白っぽいのでルーペで覗いてみると、無性芽（むせいが）がたくさんついていました。

5月1日（5カ月後）
若々しいギンゴケマット。ちょろんと覗いているのはマツバボタンの子どもです。

コケの増やし方

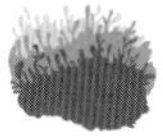

「コケを育てたいのだけれど、うまくいかない」という相談をよく受けます。

コケは環境の変化を、とても嫌います。山奥にひっそりと生えているコケを住宅街の庭に移してもまず育たない、ということくらいは、なんとなく想像できると思いますが、例えば同じマンションのバルコニーでも、Aさんのところではむくむくと育つのに、それをお隣のBさんのところへ移すとなぜか元気がなくなる、ということさえあります。

「研究」の章でもお話ししたのですが、コケは体のつくりが単純で、外気の影響を受けやすくできています。ちょっとした日光の当たり方や雨の降りかかり方が違うというだけで、機嫌をそこねてしまうのです。

コケは基本的に「生えているもの」であって、「育てる」ものではない、というくらいに思ったほうがいいでしょう。コケはとても気むずかしいところがあります。

いまやすっかりポピュラーになった「苔玉」。あの苔玉を1年も2年も変わらない姿のまま保たせているという人は、たぶんごくわずかではないかと思います。

とはいえ、身近なところでコケを育ててみたいという気持ちもわかります。

そこでご紹介したいのが「蒔きゴケ法」。多くのコケは葉そのものからも増えることができるという特性を生かした方法です。これには、スナゴケやギンゴケ、ハイゴケなど繁殖力が旺盛で、生える場所をあまり選ばないものだと上手くいくようです。

やり方は、まず、大きな塊で元気に育っているような場所から、適量を採集。水洗いをして細かくほぐし、土と混ぜ、植木鉢などに入れて、庭やベランダなど、風通しがいい、朝露のあたるような場所に置きます。前のカラーページで詳しく説明していますが、ざっとこんな流れで、とくに面倒はありません。

あとは、環境によりけりですが、早ければ1～2カ月くらいで、ちょろちょろと緑色のものが覗きはじめます。また、何も生えていない庭に、一年間くらい毎日水をまいているとコケが生えてくるそうです。

こうして、いったん自力で生えてきたものは、その環境に適応しているということですから、ちょっとやそっとでは枯れません。ただし、これを室内に移してしまっては元も子もなくなりますのでご注意ください。

ミズゴケの天ぷら

ミズゴケは水のきれいなところにしか
生えないコケ。ぎゅっと握ると、
したたり落ちるほど水を含んでいます。

こうしてザルに盛ると、だいぶ食材らしく見えてきますね。
右奥はハンダマ（水前寺菜）、左はヨモギ。いずれも友人宅付近に生えていたものです。

1.衣をつける

衣はシンプルに粉と塩と水。
ごく薄くさらっとつけるのがコツです
（この写真は、やや衣が厚すぎ）。

2.揚げる

衣をつける前に、ある程度
水気を絞っておかないと、
油がはねて怖いです。
さすがミズゴケ。

3.できあがり

ミズゴケに限らず、油で揚げてしまえば、たいていのものは「天ぷら」というものになって食べられるわけですが、でもミズゴケは、そのクセのない味と食感の独特さとのバランスが絶妙で、「またミズゴケ食べたい」という気持ちにさせられます。美味しかったです。余談ですが、柿の葉の天ぷらもたいそう美味。

注：コケの中には、食べるとひどく不味いものも多いようなので、やたらなんでも口に入れるのは控えてください。少なくとも、わたしは責任持ちませんよ。

コケを食べてみる

コケについて、前々から試してみたい事柄がありました。

ズバリ「食べてみる」ということです。

そんなことを言うと、なにやら奇異に思われるかもしれませんが、園芸などにも使われるミズゴケというコケは、北欧のある地方では、パンケーキの増量材（小麦の〝ふすま〟などの替わり）として食卓にのぼるそうですし、日本でも、関東地方のある山小屋では、天ぷらにして夕餉に供するという話も聞きます。

むむ、これは是非わたしも食べてみなくては。常々そう思っていました。

そんなある日、またとない機会がめぐってきたのです。

コケ観察に屋久島を訪ねた折、お世話になった友人が「そういえば、コケの本で読んだだけど、ミズゴケって食べられるんだってね」と言うのです。彼女は、自然食を実践している人なので、身近な野草を食べるというのは、なんら特別なことではありません。

おお、これはよい機会じゃ。とわたしはひざを打ちました。

屋久島は世界遺産の島ですから、基本的に動植物の採集は禁止ですが、でも例えば地元住民が付近の野山でタラの芽やヨモギを摘んで悪いわけはありません。件の友人に「ここならいいよ」という場所へ案内してもらい、辺り一面に広がるミズゴケのなかから、きれいなところをひと掴み。

そしてさっそく天ぷらにして、塩をまぶして食べてみました。

生の状態ではやや青臭く、予想では、「美味しいってほどではないかもね」とか「まあ、食べられないことはないという程度じゃない?」というくらいで、正直、あまり期待はしていなかったのですが、いざ食べてみると、なんと本当に美味しかったのです。念の為、コケ好きでもなんでもない人、5人くらいにも試食してもらいましたが、「へえ、意外に美味しい」と好評でした。

ふわふわとした食感のやさしいお味。ヨモギの天ぷらなどよりも、ずっと食べやすいくらいです。

最近では、乾燥させて「コケふりかけ」なんてどうだろう、とそんなことにも思いをめぐらせているところ。海苔《のり》(海のコケ!)と塩と切りゴマなんて、よく合いそうです。

Column 7

倉敷コケマップ

数年前、店の裏山のコケマップを作りました。肉眼でもその違いが判りやすいコケを13種類ほどピックアップして、風景写真とコケの拡大写真、それに簡単な解説をつけて、地図上に配置したものです。

意識してコケを見るのは初めて、という人でも、このコケマップと照らし合わせれば、目の前にあるものが何というコケなのかを知ることができるため、なかなか好評なのです。ただ、年数がたつうちに、その場所の環境が変わってしまうなどの問題点も出てきていて、続編の制作には二の足を踏んでいるところです。

このコケマップは、写真家の伊沢正名さんとの出会いによって生まれました。

ある時、ご自宅のある茨城県から、コケの撮影に屋久島まで行かれる道中に立ち寄られ、ひょんなことから「この辺りのコケマップを作りましょう」ということになったのです。

はじめは、珍しいコケがあるわけではない町中のマップを作ってどうするのだろう、くらいに思ったのですが、伊沢さんは、「いや、普通の町中だからこそいいんですよ。山へいけば大きくて見栄えのするコケはいくらでもあるけれど、町中の地味なコケだって、じっくり見れば、すごくきれいなんですから」と。

その熱心な口ぶりには、小さきものに対するなみなみならぬ愛情が滲んでいました。

その後、茨城―屋久島間の往復のたびに立ち寄っていただき、2年間かけてついに完成。

A3変形のパンフレット状の、決して立派なものではありませんが、しかしこの道では当代随一の伊沢正名さんが、そのために撮影してくださった写真を使っての「倉敷コケマップ」。わたしの自慢の逸品です。

伊沢さんの、日頃見過ごされたり、邪険にされたりしている小さな生き物に光をあてよう、という長年の活動に、ほんの少しとはいえ参加できたことは、わたしの財産のようなもの。

そして、このコケマップがなければ、たぶんこの本も、こうしてみなさんに手に取っていただけることはなかっただろうと思います。

8 遠征

遠征のたのしみ

年に1、2度、コケを求めて遠征します。

これまで書いてきたように、コケは身の周りのどこにでも生えているのがうれしいところですが、やはり、それぞれの気候や風土ならではのものにも興味津々です。

「奄美にはどんなコケが生えているのかな」「山形の月山には……」と、考えているだけでもしあわせです。海外に行くときだって、その楽しみは同じ。コケというものは、本当にどこにでも、当たり前のような顔をして生えているものなのです。

数年前、ひょんなことでイギリスの南端、ドーバー海峡にほど近いダンジェネスという町を訪ねることがありました。石ころだらけの荒涼とした土地で、まるで、この世の果てのような奇妙な雰囲気。

でも、そんなところにも、倉敷の我が家と同じ、ヒツジゴケの仲間が生えていて、「なんだ、ここにもいたの」と思わず声をかけたくなる妙な懐かしさとともに、一瞬自分がどこにいるのかわからなくなるような不思議な感覚を味わいました。

ここでは、各地のおすすめポイントと、後半では比較的交通の便がよく、散歩や旅行がてらコケ観察もできるような場所をご紹介しています。

著者の居住地と行動範囲の関係で、近畿~中四国、関東にかたよっていますが、ご容赦ください。もちろん、全国いたるところに「コケポイント」はあるはずです。あてずっぽうに出かける時などは、地図を広げ、滝のあるあたりを目指すとよいでしょう。

ただし、いずれも国立、国定公園であったり、史跡、名所として多くの人々に親しまれる場所なので、コケの採集はできません。くれぐれも見るだけにしてくださいね。

※交通の便の悪い場所もありますので、事前の下調べは十分に行うようにしてください。
※観察中などにおける事故、トラブルに対する責任はいっさい負いかねます。十分な注意と良識をもって行ってください。

全国のおすすめポイント

北海道

苔の洞門――北海道千歳市支寒内

　樽前山の噴火により流れ出た溶岩が、山の水に侵食されてできた渓谷。エビゴケなど30種類以上のコケが密生していてたいそう幻想的。ただし、平成13年に洞門内で崩落があったため、立ち入りは禁止されており、現在は観覧台からの見学のみとなります。

■ＪＲ千歳線「千歳駅」から北海道中央バス「支笏湖畔」行き42分終点から車で20分。
『千歳観光連盟観光情報センター』　０１２３-２４-８８１８

東北

元滝伏流水――秋田県にかほ市象潟町

　鳥海山の伏流水が、苔むした岩から滲み出すように流れ落ちる美しい滝。コケの名所としても知られています。年間を通して水量や水温が安定しているため、コケにとっても住みやすい環境なのでは。

■ＪＲ羽越本線「象潟駅」から車で20分。
『にかほ市象潟市民サービスセンター産業建設班』　０１８４-４３-７５０２

二ノ滝渓谷――山形県飽海郡遊佐町吉出

いたるところに湧き水が出ている遊佐町。なかでも、軽装でも歩ける、一ノ滝〜二ノ滝までの徒歩20分程度の遊歩道（登山道）にはコケが豊富です。また、この近くの胴腹滝も鳥海山の伏流水が山腹から湧き出したもので、週末になると、その美味しい水を求めてポリタンクを抱えた人々で賑わうそう。もちろんコケも美しい。

■ＪＲ羽越本線「遊佐駅」から車で30分。

『遊佐町産業振興課観光物産係』０２３４－７２－５８８６

玉簾の滝——山形県酒田市升田

御嶽神社の裏手にある、幅５メートル、高さ63メートルほどもある名瀑。この付近は常に霧がかかったような状態なので、コケの生育にももってこい。毎年ゴールデンウィークとお盆休みの頃にはライトアップもされるそうですが、個人的には冬の氷壁がみてみたいです。神社の参道付近にもコケが豊富。

■ＪＲ羽越本線「酒田駅」から車で国道３４４号線経由40分、または同駅で庄内交通バス「観音寺」行き、酒田市営ぐるっとバス升田循環線に乗り継ぎ25分「升田」下車徒歩20分。

『八幡総合支所産業課商工観光係』０２３４－６４－３１１５

円通院——宮城県宮城郡松島町松島

瑞巌寺に隣接した伊達家ゆかりの寺院。手入れの行き届いた境内のコケが美しい。かつては６，０００平方メートルものバラ園があり「バラ寺」としても親しまれていましたが、今はだいぶ減ってしまっているそうです。遊覧船乗場に近いので、松島観光のついでにもおすすめ。

■『円通院』０２２－３５４－３２０６

拝観時間：８時半～17時。年中無休。拝観料：３００円。

ＪＲ仙石線「松島海岸駅」下車徒歩７分。

五色沼湖群――福島県耶麻郡北塩原村檜原

裏磐梯高原の五色沼遊歩道には、青沼、弁天沼、瑠璃沼、みどろ沼、毘沙門沼など、エメラルドグリーンやコバルトブルー、赤茶などの色をした湖が10カ所あまりあり、たいそう神秘的。湿地に特有のミズゴケやウカミカマゴケなどがみられる。

■ＪＲ磐越西線「猪苗代駅」から会津バス「磐梯高原休暇村」行き25分「五色沼入口」下車徒歩5分。

『裏磐梯観光協会』０２４１-３２-２３４９

関東~東海

鬼押出し園――群馬県吾妻郡嬬恋村鎌原

ヒカリゴケを見てみたいという場合は、ここがよいかな。小一時間程度の遊歩道の周囲に溶岩流の跡が広がっている奇勝地です。

ちなみに、ヒカリゴケはコケの葉っぱが光るのではなく、原糸体（34ページ参照）のなかのレンズ状の細胞が反射するため、光ってみえるのです。

■『鬼押出し園』０２７９-８６-４１４１

入園時間：８時~17時。入園料：６００円（夏期）５００円（冬期）。

ＪＲ長野新幹線「軽井沢駅」からバスで40分。※２００７年度は冬期休業。

高尾山――東京都八王子市高尾町

新宿から1時間もかからない場所にもかかわらず、自然林が多く残り、鬱蒼としている。1号路~6号路までの散策コースがある。コケ観察なら1号路がおすすめ。春~夏にかけてはギンリョウソウに出会う可能性も。

■京王帝都京王線「高尾山口駅」下車。

『八王子市観光協会』　０４２‐６４３‐３１１５

箱根美術館――神奈川県足柄下郡箱根町強羅

国宝クラスのものが惜しげもなく並べられている館内にも目を奪われますが、苔庭もまた見事です。関東では、一番まとまってみられる苔庭ではないでしょうか。

■『箱根美術館』　０４６０‐８２‐２６２３
入館時間：９時半～16時半（4月～11月）９時半～16時（12月～3月）。
休館日：木曜（祝日は開館）　入館料：９００円。
箱根登山鉄道登山電車「強羅駅」でケーブルカーに乗り継ぎ「公園上駅」下車徒歩１分。

伊豆・河津七滝《ななだる》温泉――静岡県賀茂郡河津町梨本

著者の好きな玄武岩からなる、変化に富んだ７つの滝や渓流がある。コケ観察には旧天城トンネルからの登山道がおすすめ。静かな温泉街なので、友達を誘って旅行がてら行けるのも魅力です。また近くには、国内最大のゾウガメ牧場がある亀のテーマパーク「伊豆アンディランド」もあって楽しい。

■ＪＲ「東京駅」から「踊り子号」で伊東線経由２時間半、伊豆急伊豆急行線「河津駅」で伊豆東海バスに乗り継ぎ「修善寺」行き25分、「河津七滝」下車、または東名高速「沼津ＩＣ」から車で１時間20分。
『河津町観光協会』　０５５８‐３２‐０２９０

北陸

苔《こけ》の園《えん》（蘚類研究所）――石川県小松市日用町

あまり知られていませんが、日本の苔庭最適気候地は低温多湿な北陸。ごく一般のお宅に、それはそれはすばらしい苔庭があるということも珍しくありません。そんな土地で、長年コケの育成と栽培方法を研究された、故大石夫妻による苔庭です。ウマスギゴケやホソバオキナゴケなど代表的な種類が、非常によい状態で育っています。

■『苔の園』　0761-65-1162

開園時間：9時〜16時（夏期は17時まで）。休園日：冬期、春秋の積雪時。入園料：500円。

JR北陸本線「粟津駅」下車徒歩7分、「粟津駅口」で小松バスに乗り継ぎ「粟津温泉」行き10分、終点から車で4分。または北陸道「小松IC」から車で25分。

紀伊半島〜近畿

大台ケ原――奈良県吉野郡上北山村

屋久島の向こうを張る降雨量を誇る大台ヶ原。もちろんコケも豊富です。ハイキングコースになっているため、比較的軽装で歩けるところも魅力。イワダレゴケや、ムチゴケなどの苔類も多くみられます。なお、11月下旬から4月中旬頃までは大台ヶ原ドライブウェイが閉鎖され、路線バス運行もなくなります。

■公共交通機関より自家用車が便利。近鉄吉野線「大和上市駅」から奈良交通バス「大台ケ原」行き1時間45分終点下車。

『大台ケ原ビジターセンター』　07468-3-0312

開館時間：9時〜17時。休館日：冬期。入場料：無料。

『上北山村建設産業課観光係』　07468-2-0001

そして、せっかくここまで来たなら、田辺（和歌山県）にある「南方熊楠顕彰館」にも脚を伸ばしたいところ。意外なほどモダンな空間に、遺稿や遺品、標本の写真がパネルで展示されています（特別展などの時は実物が並ぶことも）。

■『南方熊楠顕彰館』　０７３９‐２６‐９９０９
開館時間：10時～17時。休館日：月曜日、第2第4火曜日、祝日の翌日、年末年始。
入館料：無料（熊楠邸見学は３００円）。
ＪＲきのくに線「紀伊田辺駅」下車徒歩10分、阪和道「みなべＩＣ」から車で20分。

赤目四十八滝――三重県名張市赤目町

さすが紀伊半島、といいたくなるような原生林や渓流を目の当たりにできるにもかかわらず、きちんと整備された遊歩道があり、運動靴程度の装備で気軽に歩ける、コケ観察初心者の方にも安心な場所。低地ではみられない、さまざまなコケが観察できます。「四十八滝」とは「多くの滝」という意味だそう。近くには「日本サンショウウオセンター」もあり、天然記念物のオオサンショウウオに出会える可能性も。
■『日本サンショウウオセンター』　０５９５‐６４‐２６９５
開館時間8時半～17時（冬期は9時～16時半）。休館日：年末年始。

入館料（赤目四十八滝入山料込み）：３００円。

近鉄大阪線「赤目口駅」から三重交通バス「赤目滝」行き10分終点下車（12月～3月運休）、近鉄大阪線「名張駅」から車で20分、または名阪道「針ＩＣ」「上野ＩＣ」から車で30分。

永源寺――滋賀県東近江市永源寺高野町

手入れの行き届いた京都のお寺の庭もよいですが、このあたりでは、いくぶんワイルドな苔庭が楽しめます。近くの百済寺、金剛輪寺、西明寺などもおすすめ。派手な観光地ではないので、じっくり観察できるのも魅力です。

■『瑞石山永源寺』　０７４８‐２７‐００１６
拝観時間：9時～16時（11月中は17時まで延長）。志納料：高校生以上５００円。

JR琵琶湖線「近江八幡駅」で近江鉄道八日市線に乗り継ぎ「八日市駅」下車、近江鉄道バス「永源寺車庫」行き35分「永源寺前」下車徒歩5分。

西芳寺（苔寺）――京都府京都市西京区松尾

海外のガイドブックでも「The Moss Garden in Kyoto」と紹介されるくらいの、最も有名な苔庭。海原をおもわせるホソバオキナゴケの群落は一見の価値ありですが、ただし事前の予約（往復葉書で）が必要で、3,000円の拝観料、そして写経まで課せられるため、それなりの意気込みがないと訪ねられません。

■『西芳寺』075-391-3631

JR「京都駅」から京都バス73系統または83系統1時間「苔寺・すず虫寺」下車徒歩3分、同駅から京都市営バス29系統1時間「苔寺道」下車徒歩12分。

鞍馬山――京都府京都市左京区鞍馬

京都まで行ったなら、ぜひ鞍馬へも。「貴船」から「鞍馬」までのハイキングコース「木の根道」は、車の運転ができない人でも、樹から垂れ下がるキヨスミイトゴケが見られる場所なのでおすすめ。「鞍馬天狗」のあの鞍馬だけあって（？）なにやら奇妙な場所です。女性ひとりで歩くには少々さみしいコースなので、できれば数人で。健康ランド風の温泉もあります。

■叡山電鉄鞍馬線「貴船口」下車。

『京都市観光案内所』075-343-6655

城崎温泉――兵庫県豊岡市城崎町

志賀直哉『城の崎にて』でも知られる、有名な温泉地。ロープウェイ付近の温泉寺や大師山の遊歩道では、コケが低地でもみられるものから深山に特有のものまでいろいろ観察できる。また、玄武（＝亀）岩からなる壮観な玄武洞付近や、豊岡駅からバスで20分ほどの出石城趾なども、観光がてらコケ観察をするにもよい場所。
■ＪＲ「大阪駅」から「北近畿号」で福知山線経由２時間40分、山陰本線「城崎温泉」下車。
『城崎温泉観光協会』　０７９６－３２－３６６３

天滝――兵庫県養父市大屋町

兵庫と鳥取の県境付近で、公共の交通機関は現在１日数本程度のバスの乗り継ぎのみ（もちろん鉄道はない）という、ものすごく不便な場所ですが、その筋では知られるコケの名所。著者の母方の里がこのあたりで、子どもの頃から馴染みの場所でもあるのです。ふふ。わたしのコケルーツのひとつです。
■ＪＲ山陰本線「八鹿駅」から全但バス「大屋」「明延」行き40分、「大屋」で「若杉」行きに乗り継ぎ10分「天滝口」下車徒歩40分、または中国縦貫道「山崎ＩＣ」から車で国道29号線経由１時間30分、播但連絡道「朝来ＩＣ」から車で県道６号経由40分。
『大屋町観光協会観光案内所』　０７９６－６９－１１０４

中国～四国

羅生門――岡山県新見市草間

草間台地という、石灰岩地帯にある天然の洞穴がみどころ。冷気のたまる地形であることから面白いコケも多く、我らが「岡山コケの会」の聖地ともいえますが、近年、天災人災により、もとの環境が失われつつあるのが残念です。このほか、観光できる鍾乳洞もたくさんあり、付近では石灰岩を好むコケが多くみられます。粘菌もよくみかけます。
■ＪＲ伯備線「新見駅」から備北バス「豊永」「満奇洞」行き25分「井倉駅」から同路線

20分、「羅生門」下車徒歩20分。
『新見市商工観光課』　0867－72－6136

久万高原――愛媛県上浮穴郡久万高原町

四国で最も美しいといわれる面河渓谷、西日本最高峰の石鎚山など、みどころも多い場所。道中の山道にも深山に特有のコケがたくさんみられ、なかなか目的地まで辿り着けないほどです。昼間はめいっぱいコケ観察をして、夜は道後温泉というコースもおすすめ。温泉宿でコケの整理をするのも楽しいものです。

■公共交通機関より自家用車が便利。伊予鉄「松山市駅」から伊予鉄バス「久万営業所」行き1時間10分終点下車、またはJR予讃線「松山駅」からJRバス「落出」行き1時間10分「久万高原」下車、または松山道「松山IC」から車で35分。
『久万高原町観光協会』　0892－21－1192

剣山――徳島県三好市、美馬市、美馬郡つるぎ町、那賀郡那賀町、高知県安芸市

ロープウェイで上まで行ってしまうと、見晴らしはいいけれどもコケはあまりないので、少しがんばって「見の越」からの登山道を歩くのをおすすめします。天候が悪くなければ、運動靴で充分ですが、わりと早い時期から積雪があるので、下調べは入念に。剣山にかぎらず、四国の山はどこもすばらしいです。

■公共交通機関より自家用車が便利　JR徳島線「穴吹駅」から美馬市営バス「滝の宮」経由「見の越」行き乗り継ぎ1時間25分（1日1本）、JR土讃線「阿波池田駅」下車「池田バスターミナル」から四国交通バス「久保」経由三好市営バス「見の越」行き乗り継ぎ2時間50分または「大歩危駅」から同路線2時間10分（1日2本）。ただしいずれも土日祝日のみ運転期間あり、冬季運休。

『美馬市商工観光課』０８８３-５２-２６４４
『三好市商工観光課』０８８３-７２-７６２０

牧野植物園——高知県高知市五台山

植物学者の牧野富太郎博士の業績を顕彰する植物園。広大な敷地に、記念館や温室、庭園などがある。近くにある竹林寺には苔庭も。牧野博士による見事な植物画など、ミュージアムショップで販売されているポストカードもすてきです。

■『高知県立牧野植物園』０８８-８８２-２６０１
開園時間：9時～17時。休館日：年末年始。入園料：５００円（高校生以下無料）。
ＪＲ「高知駅」からＭＹ遊バス「桂浜」行き25分「牧野植物園前」下車。

九州

深耶馬渓谷——大分県中津市耶馬渓町

奇岩奇峰の林立する景勝地。紅葉の美しさでも知られているため、コケ観察をというのであれば、シーズンを外した新緑の頃がおすすめ。近くには、ハイキングコースや有名な「青の洞門」などもある。温泉にもことかかない地域。

■ＪＲ日豊本線「中津駅」から玖珠観光バス「豊後森」行き1時間半またはＪＲ久大本線「豊後森駅」から玖珠観光バス「中津駅」行き20分「深耶馬渓」下車、九州道「玖珠ＩＣ」から車で県道28号経由15分。
『中津市耶馬渓支所産業振興課観光商工係』０９７９-５４-３１１１

尾鈴山瀑布群——宮崎県児湯郡都農町尾鈴

尾鈴キャンプ場から山頂までの登山道に、白滝、紅葉の滝、矢研の滝など数々の名瀑がありコケも豊富。日本蘚苔類学会開催時の観察会場にもなったことがある。
■JR日豊本線「都農町駅」から車で国道310号線で都農町役場、さらに県道40号線経由県道307号線を尾鈴方面へ40分。
『都農町観光協会』0983-25-5712

離島

八丈島——東京都八丈島八丈町

富士火山帯に属する火山島。高温多湿の「常春の島」でコケの育成にはもってこい。たくさんのハイキングコースがあり、時間がいくらあっても足りない。「裏見ケ滝」周辺などもおすすめ。人間の背丈よりも高いヘゴというシダ植物が南国ムードを醸し出しています。
■東京「羽田空港」からエアーニッポン機で「八丈島空港」まで40分、東京「竹芝桟橋」から東海汽船「かめりあ丸」「さるびあ丸」で「底土港」まで11時間。
『八丈島観光協会』04996-2-1377

初級Ⅰ

東京大学大学院理学系研究科附属植物園

かの東大の附属植物園ですが、誰でも入れます。
園内の樹木は、どれもこれも見上げるほど大きく、歴史と風格が感じられる。
日本庭園から熱帯性植物の繁茂する温室まで、
じっくり見ようと思われる方はどうぞお弁当持参で。

〒112-0001　東京都文京区白山3-7-1　Tel 03-3814-0138
開館時間：9時〜16時半（入園は16時まで）
定休日：月曜日（月曜が祝日の場合はその翌日）

旧東京医学校本館。
入り口から左手のほうへ進むと日本庭園。その緑の中に建物の赤が映えます。

風格のある温室。
一般公開は毎週火水曜の13時〜15時。できればこの時を狙ってください。

柴田記念館のそばのシダ園。足元にはゼニゴケなど。

温室内の熱帯性植物。
奄美の風景で有名な田中一村の絵みたい！

温室の中のラン科の植物の鉢植えにコケがいっぱい。
さすがに摘んでみるわけにいかないので、
名前はわかりませんでした。

帰り道で見かけた茗荷谷にゃんこ。
よく太っていてかわいい。

初級Ⅱ

井の頭公園

お買い物ついでにも、ぶらっとできるような気軽な公園。
動物園やスワンボートもあって、憩い感満点です。
地方在住のわたしがこの公園を歩いたのは
これまでの人生でたったの5～6回ですが、
でもなぜかそのたびに、「あ、もしかして田中さん？」などといって
知り合いに会ってしまう、妙な場所でもあります。

交通：JR中央線「吉祥寺」下車　徒歩5分
京王井の頭線「井の頭公園」下車　徒歩1分

公園入り口の「いせや」で焼き鳥を買う著者。ついでに、その向かいのお店でビールも。好きなインドネシアのビール「ビンタン」（星という意味）が安かった。

週末、芋を洗うような
スワンボート群。

甲羅干しをするミシシッピ・アカミミガメ（ミドリガメの本名）。
亀のくつろぐ姿に心が和む。じっと見ていると
時々あくびもする。亀仲間の知人によれば、この池には、
いまや激減している日本固有種で、著者の愛する
ニホンイシガメも数匹いるとのこと。
今度ぜひ会いたいです。

神田川の源泉。
飛び石にコケのふちどり。

弁財天神社。
この一帯はコケが集中して
いました。土にも樹にも石
にもコケ。

水辺に生えるホソバミズゼニゴケ（たぶん）が見事です。

真っ昼間の焼き鳥とビールは格別。

中級I

京都

日本の苔庭最適気候は低温多湿の北陸ですが
その気候の西の端にあたるのが、ここ京都。
手入れの行き届いた美しい苔庭が随所にみられます。
また、叡山電鉄で鞍馬山まで足を伸ばせば、不思議なムードの
ハイキングコースや温泉も。

ホソバオキナゴケが一面に。
しゃがんでじっと眺めていると、
海原のようにもみえてきます。

ホソバオキナゴケは苔庭に植えられる代表的な種類。
漢字で書くと、細葉翁苔。
白っぽい色から「翁」を連想させるせいでしょう。
科名もシラガゴケ（白髪苔）といって、
やっぱり年寄りくさい。侘びさびともいう。

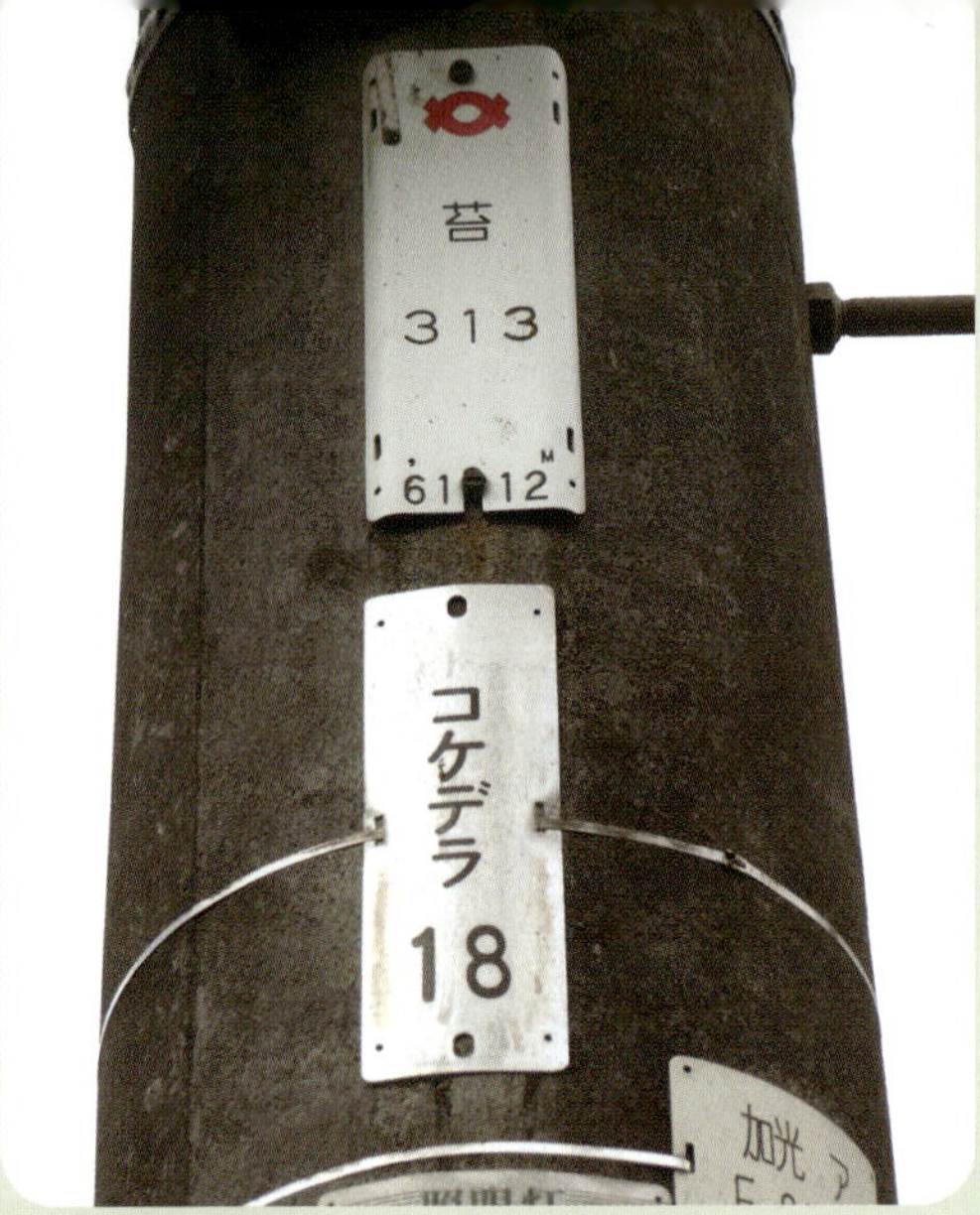

苔寺として有名な
西芳寺付近で発見した
「コケ電柱」。

作業員の方が、じつに丁寧に
手入れをされていました。
この地道な努力によって、
苔庭の美しさは保たれているのでしょう。

東福寺の石庭。

東福寺の方丈庭園の一角。市松模様に配した石と苔が見事。
作庭は重森三怜（しげもりみれい）。岡山の人です。

［左頁］妙法寺の苔の石段。

中級Ⅱ

鎌倉・江ノ島

生まれも育ちも鎌倉という友達に、
おすすめのスポットを案内してもらいました。
地方からみれば、十二分に都会ですが、それでもなにやら
ほっとした気分になるのは、
わたしの住む倉敷と似たところがあるからかもしれません。
ひとやすみにぴったりのカフェが充実しているのも魅力です。

友達の家のコンクリートの壁。
ハマキゴケがびっしり生えていました。
2歳半になるはるちゃん。
「これ、みんみ（わたしのこと）が好きなの。
はるちゃんも好き」だそうです。
うれしい。

化粧坂（けわいざか）。
鎌倉の数箇所にある切り通しのひとつ。
昼間でも薄暗くひんやり。
この近くにある銭洗弁天付近には
コケにおおわれた壁もあります。

瑞泉寺。あまりきっちりとは手入れが為されていない雰囲気が、
コケとの相性抜群。梅の木がたくさんあり、
春先はたいそう華やかなことだろうと思われます。
写真は、夢想疎石（むそうそせき）が手がけた庭園。

二階堂にある「kika」というお店でひとやすみ。
コケばっかりみていると、カフェオレを前にしても、
ぐっと近寄ってしまいます。写真は、氷の中にできた模様。

大町の奥の方にある妙法寺。
石段のそばでコケに包まれていた仏像。

江ノ島

海辺を走る江ノ電にゆられて江ノ島へ。
島をぐるりと一周するコースには、コケもシダも猫もいて、
なかなかまっすぐには歩けません。どこか、
たらんとした雰囲気もコケ観察向きです。

江ノ島水族館のクラゲコーナー。
クラゲというのも、
見れば見るほど不思議な生き物。

江ノ島猫。
毛づやがよく太った猫が多い。
人に対する警戒心もあまりないので、
猫好きにはうれしい。

島を一周する遊歩道の起点のあたり。
シダやコケがたくさん生えています。

遊歩道脇の石垣一面にコケ。

江ノ島への橋の手前から。

魚見亭にてさざえ丼を前に
神妙な面持ちの著者。
魚介類はすき。

贅沢

屋久島

1年366日雨が降る、と言われる屋久島。
九州最高峰の宮之浦岳を擁し、亜熱帯～亜高山帯の生態が
垂直分布で見られるという、世界でも稀なる場所です。
一歩山へ入れば、前後左右、どこを向いてもコケだらけ。
まさにコケの楽園です。そのあまりの素晴らしさに、
体は予定通り4泊5日で帰ってきたのに、
心は1カ月近く帰って来られませんでした。

鹿児島港と屋久島、種子島を結ぶ高速艇「トッピー」。トッピーとは方言でトビウオのこと。受付のお姉さんや、強面のタクシーの運ちゃんなどが、みな真顔で「トッピー乗り場は……」などと言うのには、はじめはつい笑いそうになったものですが、でもほどなく慣れました。

安房港付近には
ノラさんがちらほら。
島の猫は全体に小ぶりです。

初日、コケ仲間の間で「コケコケワールド」と呼ばれている某所へ。
標高1300メートルくらいのところなので、3月の中旬の屋久島だというのに
雪がちらほら。花崗岩の上にコケとシダと地衣類。好きなものばかり。

屋久島のヤマトフデゴケは、普段こちらで見慣れているものより何倍も大きくて、最初なんだかわかりませんでした。南国では、ほ乳類は小さくなり、植物は大きくなる傾向にあるそうです。

ムチゴケの隙間に咲いていたオオゴカヨウオウレン（大五加葉黄蓮）。3月頃が花の時季だそう。

シダのくるくるがいっぱい。英語では「フィドル・ヘッド」（バイオリンの頭の部分）という典雅な名前でよばれていますが、日本では、これといった呼び名がないような気がします（「ゼンマイ」というのは、種類の名前）。これにぴったりの名前をつけるのが、わたしの人生における夢でもあります。

花の好きな人が、蕾が開くのを心待ちにするように、わたしはこのくるくるを見ると胸がときめきます。

シッポゴケのなかにかわいいキノコ。

何年も前から、一度この目で見てみたいと思っていたウワバミゴケ！　屋久島のコケに詳しい林田信明さんに「このあたりに生えているから探してごらん」と言われ、ついに見つけた時のうれしかったことといったらもう。日本ではいまのところ屋久島でしか確認されていないのです。

白谷雲水峡付近の駐車場にいたヤクシカ親子。
ヤクザルというお猿とともに、あちこちで見かけました。

数日お世話になった友人の住む家。真ん丸い形の屋久島は、時計の文字盤にたとえて場所の説明をすることがあります。その「4時のあたり」。

ハードな行程の縄文杉まではもちろん行かず、駐車場からすぐのらくちんな場所で古代杉を見物。ふーむ、やっぱりわたしは、杉よりスギゴケがいいです。

モール状のヒカゲノカズラとつややかなタカネハネゴケ。

［左頁］白谷雲水峡。前後左右、視界全てコケ。空気まで緑色にみえます。

店の帳場に座っていて、お客さんから「じつはわたしもコケに興味があるんです」と告白されることが増えました。そして決まって「おすすめのコケの本はありませんか？」という質問をうけるのですが、この場合の「コケへの興味」というのは、植物としてのコケの生態やら種類というよりは、もっと漠然としたコケというものの佇まいを指していることがほとんど。いきなり図鑑や専門書をすすめるのは少々ためらわれる雰囲気です。

なにか、ぱらぱらっと眺めるだけでも楽しくて、最後まで読めば一通りのことは解るようなコケの本があればいいのに、と常々そう思っていました。そして不思議な巡り合わせで、そんな本を自分で書くことになったのです。うまく書けているといいのですが。

編集担当の飛田淳子さんから、突然「書き下ろしの単行本を」とのお話をいただいたのが昨年春のこと、一冊の著作もないわたしに「いったいなぜ？」と訝ってしまったのが正直なところですが、飛田さんのその熱意とチャレンジ精神がなければ、このようなコケの本が生まれることなどあり得ませんでした。ありがとうございます。

種の特徴を正確に捉えた煌めくようなコケの写真を数多くご提供くださった伊沢正名さん、この本を理想的な味わいへと導いてくださったイラストレーターの浅生ハルミンさんにも心よりお礼申し上げます。また執筆中、こまごまとした疑問や質問に、その都度快く応じてくださった、岡山理科大学の西村直樹教授をはじめ、さまざまな形でご協力いただいたみなさま、ほんとうにありがとうございました。そして、この日々を支えてくれる家族と亡き父にも感謝したいと思います。

巻頭の見返し部分に、岡山の詩人、永瀬清子の「苔について」という詩を載せています。

この本にひと通り目を通してくださったあとに、ぜひあらためて読んでみてください。コケについて、これ以上はない作品だと思っています。

この詩が最初に発表された『あけがたにくる人よ』（思潮社）のあとがきによれば、岡山コケの会の創設者である、故井木張二（長治）氏に京都の苔寺へ案内されたのがきっかけで書かれたものだということです。掲載のご許可をくださったご遺族には深く感謝申し上げます。

そして最後に、イギリスの植物学者コーナー博士の、ぐっとくる言葉をご紹介して筆を置きたいと思います。

「進化の主要な道筋からはずれてしまった蘚苔類は、謙遜して独自の新しい生活環をつくりだした」

コケはすばらしい。

二〇〇七年九月　　田中美穂

参考文献

『原色日本蘚苔類図鑑』岩月善之助・水谷正美（保育社）　1972年
『日本の野生植物　コケ』岩月善之助・伊沢正名（平凡社）　2000年
『フィールド図鑑　コケ』井上浩（東海大学出版会）　1986年
『山渓フィールドブックス しだ・こけ』岩月善之助・伊沢正名（山と渓谷社）　1996年
『屋久島のコケガイド』木口博史・小原比呂志（財団法人屋久島環境文化財団）
『野外観察ハンドブック　校庭のコケ』中村俊彦・古木達郎・原田浩（全国農村教育協会）　平成14年
『コケ類研究の手引き』（日本蘚苔類学会）　2003年
『カラー自然ガイド　こけの世界』長田武正（保育社）　昭和49年
『たくさんのふしぎ　ここにもこけが……』越智典子・伊沢正名（福音館書店）　2001年6月号
『コケの世界』箱根美術館のコケ庭　高木典雄・生出智哉・吉田文雄（MOA美術・文化財団）　平成8年
『苔の話』秋山弘之（中公新書）　2004年
『コケの手帳』秋山弘之編（研成社）　2002年
『こけ』その特徴と見分け方　井上浩（北隆館）　昭和44年
『井木長治によるコケの世界』井木長治（岡山コケの会）　平成7年
『古事類苑』五十　植物部二・金石部（吉川弘文館）　昭和44年 復刻版
『植物の起源と進化』E・J・H・コーナー（八坂書房）　1989年
『あけがたにくる人よ』永瀬清子（思潮社）　1987年
『寺田寅彦随筆集』第一巻（岩波文庫）　昭和22年
『日本のこころ』中谷宇吉郎（文芸春秋）　昭和26年

協力者（五十音順・敬称略）

梅津和夫（山形大学）
岡山コケの会
工藤冬里
工藤礼子
小山千夏

佐藤謙二
千田朋春
ゼンマイアタマ
張明妃
ナカガワユウキチ（Kinemamoon Graphics）
中西信一
西村直樹（岡山理科大学）
野口智弘（株式会社リコー）
林田信明
屋久島 天然村

撮影協力

東京大学大学院理学系研究科附属植物園
東京大学総合研究博物館

写真提供協力

アーチ・カンパニー
ニコン株式会社

苔とあるく

2007年10月13日　第1版第1刷発行　定価（本体1,600円＋税）
2017年11月25日　　　　第5刷発行

著者　　田中美穂
発行者　　玉越直人
発行所　　WAVE出版
〒102-0074　東京都千代田区九段南3-9-12
TEL：03-3261-3713　FAX：03-3261-3823
振替：00100-7-366376
E-mail：info@wave-publishers.co.jp
http://www.wave-publishers.co.jp/

印刷・製本　萩原印刷

ISBN978-4-87290-320-1